U0749281

黄华 / 编著

中老年人

轻松玩转

智能手机

微信篇

清华大学出版社

北京

内 容 简 介

本书从中老年朋友使用微信的实际需要出发，采用图文并茂的方式进行详细讲解，只需按书中的步骤进行操作，即可快速掌握微信的使用方法和技巧，避免在起步阶段走弯路。

本书包含了安装微信软件、微信基本功能操作、微信朋友圈、微信小程序、微信钱包理财、微信公众号等内容，力求全面解决中老年朋友在使用微信的过程中遇到的问题。本书浅显易懂，适合初步接触微信的中老年朋友阅读。

图书在版编目（CIP）数据

中老年人轻松玩转智能手机. 微信篇 / 黄华编著. -- 北京 ：清华大学出
版社，2020.3

ISBN 978-7-302-54206-3

Ⅰ. ①中… Ⅱ. ①黄… Ⅲ. ①移动电话机－中老年读物 Ⅳ. ①TN929.53-49

中国版本图书馆CIP数据核字(2019)第256023号

责任编辑：陈绿春
封面设计：潘国文
责任校对：胡伟民
责任印制：丛怀宇

出版发行：清华大学出版社
　　　　网　　　址：http://www.tup.com.cn，http://www.wqbook.com
　　　　地　　　址：北京清华大学学研大厦A座　　**邮　　编：**100084
　　　　社 总 机：010-62770175　　　　　　**邮　　购：**010-62786544
　　　　投稿与读者服务：010-62776969，c-service@tup.tsinghua.edu.cn
　　　　质 量 反 馈：010-62772015，zhiliang@tup.tsinghua.edu.cn

印 装 者：北京博海升彩色印刷有限公司
经　　销：全国新华书店
开　　本：140mm×214mm　　**印　　张：**9.875　　**字　　数：**290千字
版　　次：2020年3月第1版　　**印　　次：**2020年3月第1次印刷
定　　价：49.80元

产品编号：076750-01

前言

随着移动互联网的快速发展和智能手机等移动设备的普及，微信软件也变得越来越流行。从社交到娱乐，从旅游到购物，从阅读到养生，这些都可以在微信上实现。在微信流行的趋势下，许多中老年朋友也加入了使用微信的行列。

对于中老年朋友来说，学会使用微信，能够为生活提供很多方便。例如，可以和在外地工作的孩子视频通话，不用担心对方照顾不好自己；和多年未见的朋友语音聊天，可以聊一整天而不用担心话费过多的问题；每天拼手速抢红包，抢得不亦乐乎；看朋友圈、发动态乐在其中……

微信给中老年朋友与家人或朋友联系提供了方便，也丰富了他们单调的生活，使他们不再感到孤独寂寞！然而，大部分中老年朋友对微信的许多功能和使用技巧还不熟练，对于微信在实际生活中的应用方法也是一知半解。本书就是专为中老年朋友编写的微信使用教程，手把手地教中老年朋友如何使用微信，帮助中老年朋友用好微信，让沟通更高效、生活更多彩。

本书共分 6 章，对于中老年朋友在使用微信过程中可能遇到的各种问题进行了详细解答。

第 1 章讲解移动数据流量和 WiFi 的区别、微信软件的下载与安装、微信账号的注册、登录与退出以及微信账号的头像、昵称等个性化信息和资料的设置方法。

第 2 章讲解微信的功能设置方法，包括聊天背景、调整字体、改变亮度、消息提醒、横屏打字、页面自定义等内容。

第 3 章讲解如何使用微信与好友互动，包括添加好友的方式、建立群聊、发朋友圈与好友评论、用文字和语音聊天、视频通话等内容。

第 4 章讲解微信的娱乐与生活，包括微信小程序中的小游戏、添加标签、微信运动、图片处理和视频剪辑等内容。

第 5 章讲解微信钱包理财，包括绑定银行卡、收付款、发送红包和转账、手机充值、生活缴费、查询社保信息、预约体检、京东购物、购买保险、理财通理财等内容。

第 6 章讲解微信在日常生活中的应用方法，包括共享单车、滴滴出行、网上购票订房、搜索和关注公众号、消息撤回、冻结、撤销账号、计算机登录微信等内容。

学会微信，不仅能妥善解决当前的很多生活问题，而且还会给生活带来更多的转变和惊喜，让生活变得更美好！

作者

2020 年

目录

第 1 章　用微信，基本功能先了解

第 2 章 　玩微信，贴心功能抢先学

第3章　学社交，手机里面朋友多

第 4 章　　　会娱乐，闲暇生活不无聊

第 5 章　做理财，核心功能须掌握

第 6 章　　多应用，智能生活享不停

第 1 章

用微信，基本功能先了解

内容摘要

装软件，看清提示很简单

学注册，填写信息并不难

个性化，自己资料可修改

滑动解锁

微信作为一款社交软件，受到越来越多人，甚至中老年朋友的喜爱，通过微信他们可以随时和远在他乡的孩子视频通话，亲眼看看他们的生活以解相思；也可以和多年未见的好友闲话家常，不用担心话费过多的问题。这么好的软件，到底该怎么用呢？现在，我们一起来了解一下微信的基本使用方法吧。

1.1　装软件，看清提示很简单　　　➕

在使用微信之前，我们要先把微信软件安装到手机上，然后才能发送视频、语音和文字。安装的过程其实并不难，只要跟随步骤操作，很快就能完成。

🔵 1.1.1　下载前，分清流量和无线

在正式开始下载软件前，我们需要了解在手机上搜索信息和下载微信软件是要连接互联网的，这会消耗流量，而使用流量是要向通信运营商（移动、联通等）付费的。所以，最好在连接无线网络（Wi-Fi）之后，再进行搜索和下载等操作。那么，我们该如何区分手机流量与无线网络流量呢？

流量

手机流量又称"移动数据流量"，当我们从手机屏幕顶部按住并向下滑动时，在出现的界面中点击 ↕ 图标，该图标变亮后，就接通了移动数据网络，流量也就产生了，如图 1-1 所示。如果没有开通流量套餐服务（可拨打通信运营商的客

服电话购买，有 10 元到 100 元不等的流量套餐），在这种状态下浏览图片、视频或下载软件，其费用会比较高。

图 1-1

如果已经购买了流量套餐，那就不用太担心了。不过若是家中或所在的场所有无线网络（Wi-Fi），还是建议通过无线网络进行下载，毕竟流量是有限的，能节省就节省。

值得一提的是，通过手机设置也可以打开手机流量。

01　①点击手机中的"设置"图标，如图1-2所示。

02　②在打开的界面中点击"网络"（双卡手机则是"双卡和网络"），如图1-3所示。

03　③点击"移动数据"，待右侧图标为开启状态时，手机流量上网功能就打开了，如图1-4所示。

图 1-2 　　　　　　　　图 1-3 　　　　　　　　图 1-4

无线

　　了解了手机流量，我们再来看一看无线网络吧。一般的无线网络大家习惯叫它 Wi-Fi。连接 Wi-Fi 后，就相当于手机分享了家中的互联网数据，这样下载的时候，就不用额外付费了。同样从手机屏幕顶部按住并向下滑动，点击🛜图标并将其点亮后，Wi-Fi 就打开了，如图 1-5 所示。

图 1-5

　　注意，这里有一个寻找无线网络图标的小诀窍：一般无线网络图标都会被刻意安排在紧挨着"数据流量"图标的位置，这样找起来可以节约不少工夫。按下该图标后，系统需要一段启动时间，不会马上点亮，不要急，稍微等待一下就好。同样，关掉时也是如此。

　　另外，我们也可以通过另外一种方法来打开 Wi-Fi。

01　①点击手机中的"设置"图标，如图1-6所示。

02　②在打开的界面中点击"无线网络"，如图1-7所示。

03　③点击"无线网络"，右侧的图标为开启状态后，表示Wi-Fi已经打开，如图1-8所示。

图 1-6

图 1-7

图 1-8

04　④打开Wi-Fi后，附近的无线网络名称会出现在列表中，如图1-9所示。

05 ⑤点击需要连接的无线网络名称，并输入Wi-Fi的密码，如图1-10所示。

图1-9

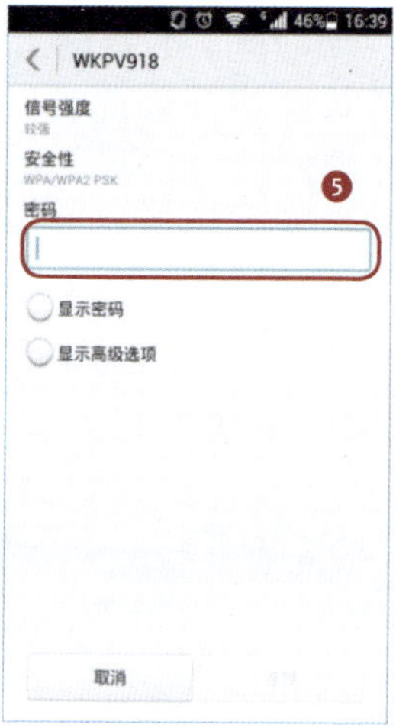

图1-10

06 ⑥输入密码后，点击"连接"按钮，Wi-Fi就连接好了，如图1-11所示。

07 ⑦成功连接Wi-Fi后，屏幕顶部会出现 🛜 图标，如图1-12所示。

1.1.2　找一找，应用商店来下载

当我们打开手机流量或连接好无线网络（Wi-Fi）后，就可以下载微信软件了。那么，在哪里下载呢？"应用商店"是一个专门下载软件的"商店"。当我们想下载微信的时候，就要从应用商店中下载。一般来说，手机采用 iOS（苹果）和安卓两种系统，二者的应用商店也有所不同。

图 1-11　　　　　　　　　　　图 1-12

iPhone（苹果手机）

　　iPhone 自带的应用商店称为 App Store，在下载软件之前，要先注册 Apple ID（苹果账号）。只有用 Apple ID 登录后才能下载。具体的操作步骤如下。

01　①点击主页面的 App Store 图标，如图 1-13 所示。

02　②在界面中输入 Apple ID（用户名）和密码后即可登录，如图 1-14 所示。

03　③登录后，在屏幕右下角点击"搜索"按钮，如图 1-15 所示。

04　④在出现的搜索框内输入"微信"，⑤点击"搜索"按钮，如图 1-16 所示。

05　⑥在出现的搜索结果中选择微信软件，点击 ⬇ 图标，如图 1-17 所示。

图 1-13

图 1-14

图 1-15

图 1-16

06 ⑦下载完成后，点击"打开"按钮，如图1-18所示，即可直接启动该软件，同时软件图标也会出现在手机桌面上。

图 1-17

图 1-18

安卓手机

安卓手机也有自带的应用商店，例如华为手机的"华为应用市场"、小米手机的"小米应用商店"、魅族手机的"魅族应用商店"等。与 iPhone 不同的是，安卓手机下载软件可以直接安装。下面是安卓手机安装软件的具体过程。

01 ①点击手机自带的应用市场，如图1-19所示。

02 ②在打开的界面中点击搜索框，输入"微信"，③点击"搜索"按钮，如图1-20所示。

03 在界面中选择要下载的软件，然后④点击"安装"按钮，如图1-21所示。

04 等待手机自行安装完毕之后，即可在手机桌面中看到安装好的"微信"软件图标，如图1-22所示。

图 1-19

图 1-20

图 1-21

图 1-22

1.1.3　改权限，这些功能要开启

安装好微信软件之后，即可开始使用了。当我们用微信

拍照的时候，微信会发来消息：请允许拍照和录像。这是怎么回事呢？原来，只有我们同意微信进行拍照和录像的，才能使用微信拍照。那么，我们需要同意开启哪些权限呢？

允许读取联系人信息

联系人信息主要包括我们存入手机的联系人姓名和联系人电话。当开放微信读取联系人信息的权限之后，就能添加手机联系人为好友了。允许读取联系人信息的具体操作步骤如下。

01　①点击手机界面中的"设置"图标，如图1-23所示。

02　②在打开的界面中向上滑动，找到并点击"应用管理"，如图1-24所示。

图 1-23

图 1-24

03　③在"应用管理"界面点击"已安装"，④向上滑动，找到"微信"，如图1-25所示。

04 ⑤在打开的界面中向上滑动，找到"权限管理"，如图
1-26所示。

图1-25

图1-26

05 ⑥在打开的界面中点击"读取联系人信息"，如图1-27
所示。

06 ⑦在弹出的对话框中点击"允许"，这样就完成了全部操
作，如图1-28所示。

通话及本地录音

当我们开放了通话及录音的权限之后，就可以进行视频
通话和语音通话了，以下是允许通话的具体操作步骤。

01 打开微信的后台权限与上面的操作步骤相同。①点击
"通话及本地录音"，如图1-29所示。

02 ②在弹出的对话框中点击"允许"，如图1-30所示。

图 1-27　　　　　　　　　　图 1-28

图 1-29　　　　　　　　　　图 1-30

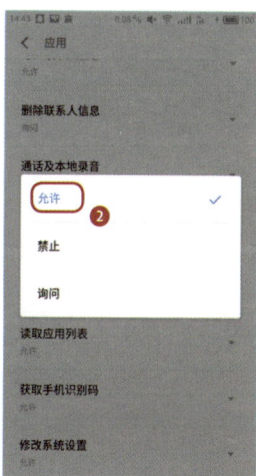

获取定位

　　"定位"功能可以查找手机的具体位置，例如，我们要去某个地方，定位可以根据手机（也就是自己）的位置和终点计算出具体的路线。修改获取定位权限的方法与修改通话权限的步骤相同。在图 1-27 中，点击"获取定位"，在弹出的对话框中点击"允许"即可。

拍照和录像

手机有拍照和录像功能，当我们想要把美景分享给朋友和家人的时候，可以通过微信拍照，然后分享给他们。同样地，在图 1-29 中，点击"拍照和录像"，在弹出的对话框中点击"允许"即可。

小提示：外面的无线网络不可随便连

随着 Wi-Fi（无线网络）的广泛使用，很多人都爱去"蹭网"，也就是连接公共场所的 Wi-Fi。然而，正是这种随意连接 Wi-Fi 的行为，让很多人泄露了自己的个人信息，甚至损失大量金钱。接下来，介绍几种存在危害的 Wi-Fi 类型。

● **钓鱼 Wi-Fi**

钓鱼 Wi-Fi 是指犯罪分子架设一个与某公共 Wi-Fi 同名或相似的网络，当我们连接这个 Wi-Fi 时，银行卡账号和支付密码就可能被盗取，出现银行卡被盗刷的情况。因此，在连接公共无线网络（Wi-Fi）之前，要先和工作人员确认无线网络的真实性和安全性，不要连接来源不明的无线网络。在看到重名的 Wi-Fi 时，也不能轻易连接。

病毒 Wi-Fi

病毒 Wi-Fi 是一种攻击程序。当连接上病毒 Wi-Fi 时，我们的手机可能会出现死机，或者手机中的信息被盗取的情况。例如，当我们与朋友聊天的时候，对方突然发来消息，称要借钱。这是因为犯罪分子通过病毒 Wi-Fi 盗取朋友的账号，然后趁机骗取钱财。所以，连接无线网络的时候，要提高警惕，在连接之后，尽量少使用转账等功能。

1.2　学注册，填写信息并不难

要想通过微信聊天、交朋友，首先要有一个微信账号，而拥有账号的第一步就是注册。注册其实很简单，跟随本节列出的步骤来操作，很快就能拥有自己的微信账号了！

1.2.1　定身份，昵称头像有妙招

与其他人聊天的时候，我们会自我介绍："我是 ***"，这是在表明自己的身份。同样地，使用微信的时候，我们也要有自己的"微信身份"。那么，我们该怎么设置微信的头像和名称呢？接下来进行具体介绍。

昵称

微信昵称即微信名字，设置好昵称后，好友可看到我们的昵称。设置昵称的步骤如下。

01　①点击手机界面中的微信图标💬，如图1-31所示。

02　②在打开的界面中点击"注册"按钮，如图1-32所示。

03　③在弹出的界面中点击"昵称"，如图1-33所示。

图1-31    图1-32

04 ④在文本框内填写自己喜欢的名字，可以用真名也可以随便起一个名字，如图1-34所示。

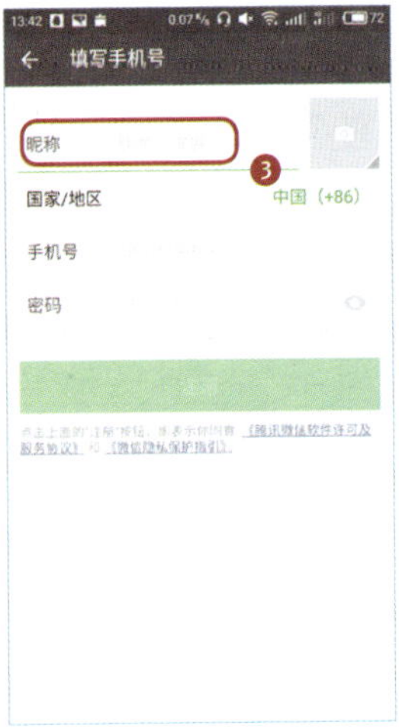

图1-33   图1-34

头像

　　设置好昵称后，接下来就是头像了。我们通常会根据自己的喜好来设置微信头像。例如，喜欢旅游的人，可以放风景照；家里有小朋友的，可以把小孩子的照片当作头像；当然，我们还可以把自己的照片设置为头像。以下是设置头像的具体步骤。

01　①在注册的界面中点击照相机图标，如图1-35所示。

02　②在弹出的界面中选择自己喜欢的图片作为头像，可以用自己的照片，也可以用其他照片，如图1-36所示。

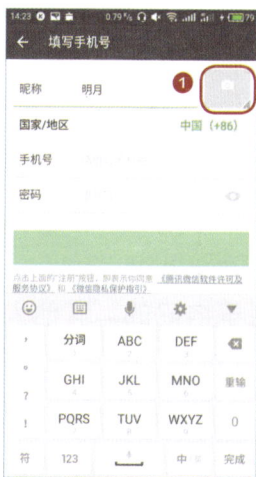

图 1-35

图 1-36

03　③确定选择的图片之后，点击"使用"按钮就可以了，如图1-37所示。

04　头像设置成功，如图1-38所示。

图1-37

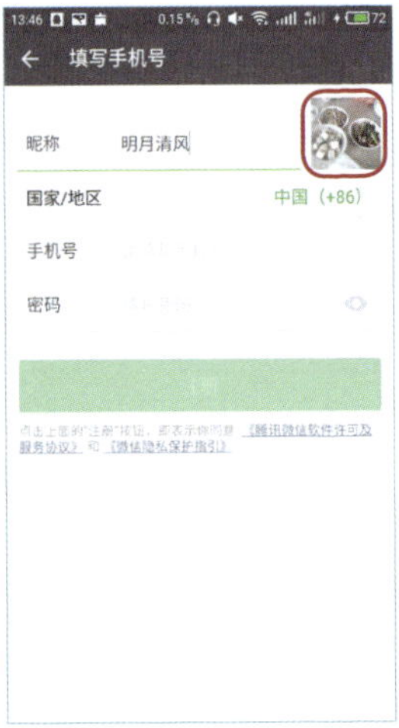

图1-38

◖◗ 1.2.2 设账号，号码密码要记牢

　　每个人都有身份证，微信账号就相当于微信的"身份证"。身份证是唯一的，一个微信也只有一个账号。设置微信账号后就可以通过微信与朋友聊天、给孩子发信息、浏览公众号了。注册微信账号后，该账号就是独属于自己的，其他人不能登录和使用。

填写手机号

　　填写手机号是注册微信必须要填的一项内容。输入哪个手机号即表示用哪个手机号注册，因此，填手机号时必须要慎重，最好是自己的手机号码。填写手机号的步骤如下。

01　选择地区。一般会自动出现"中国（+86）"的字样，这个不需要改动，如图1-39所示。

02　点击"手机号"，填写正确的、可用的手机号码，如图1-40
　　　所示。

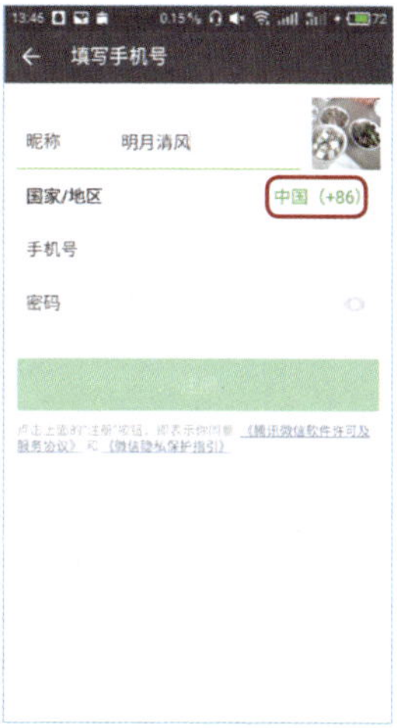

图 1-39 　　　　　　　　　　　　　图 1-40

设置密码

　　密码是登录账号的一道门槛，设置微信密码可防止他人
盗取我们的微信账号，确保不泄露隐私。设置密码的步骤如下。

01　①在"填写手机号"界面中，点击"密码"并输入密码。在以
　　　后登录微信的时候，需要填写密码，所以密码一定是自
　　　己容易记住且不易被别人猜到的，如图1-41所示。

02　②点击右侧的 ◉ 图标，可以看见输入的密码。③填写完
　　　成后，点击"注册"按钮，如图1-42所示。

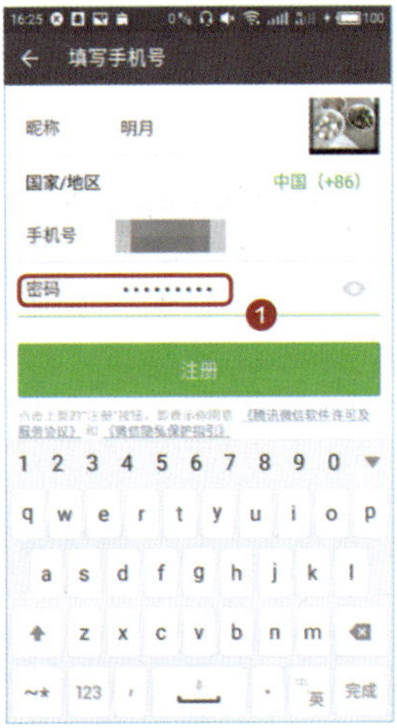

图 1-41

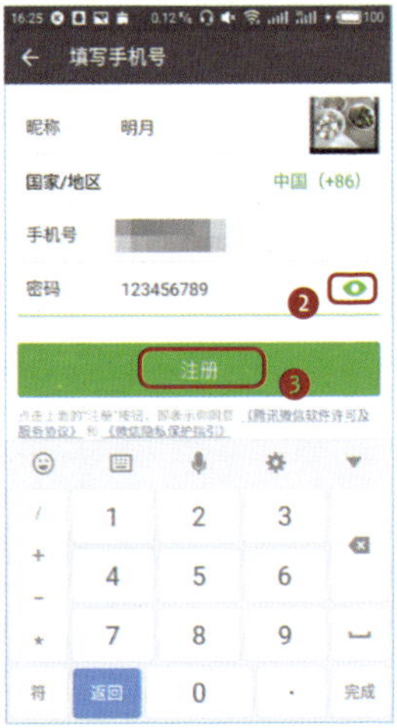

图 1-42

完成验证

　　为了成功注册微信，我们还需要进行验证。验证是为了证明是用户自己在注册微信，同时也是为了保证整个注册过程的安全性。

01　点击"注册"按钮后，①在弹出的界面中点击"同意"按钮，如图1-43所示。

02　②点击"开始"按钮开始验证，如图1-44所示。

03　在"微信安全"界面中，③按住滑块并向右滑动，将拼图拖入空缺的位置，如图1-45所示。

04　在弹出的界面中，④点击"发送短信"按钮，如图1-46所示。

05　在发送短信界面，不需要输入联系人和发送内容，⑤只要点击"发送"图标就可以了，如图1-47所示。

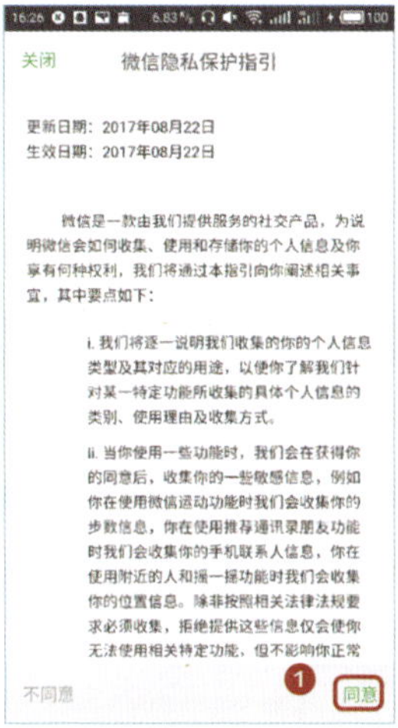

图 1-43 　　　　　　　　　　图 1-44

图 1-45　　　　　　图 1-46 　　　　　　图 1-47

06 发送短信后，回到"发送短信验证"界面，⑥点击"已发送短信，下一步"按钮，如图1-48所示。

07 在出现的"验证成功"界面，⑦点击"返回注册流程"按

　　钮，如图1-49所示。

08　按照上面的方法，输入账号和密码后即可登录，如图
　　　1-50所示。

图1-48 　　　　　　　　　　图1-49 　　　　　　　　　　图1-50

◖ 1.2.3　首登录，忘记密码也别慌

　　注册成功后就可以登录微信了。在第一次登录微信成功后，再次登录不需要输入账号和密码。如果长期没有登录微信，再次登录需要输入账号和密码。但是，如果忘记了密码该怎么办呢？别急，下面我们来看看怎么样用其他方法登录微信。

短信验证码登录

　　如果忘记了微信密码，可通过发送验证码的方式登录微信，验证码只有注册时的手机（手机号码）能接收到。短信验证码登录是一种安全、便捷的登录方式，具体的步骤如下。

01　在手机桌面找到微信，①点击"微信"图标 🐸 ，如图1-51所示。

02　在打开的界面中，②点击"登录"按钮，如图1-52所示。

图1-51 　　　　　　　　　　　　　　　图1-52

03　③点击"手机号"，输入注册时的手机号码。④点击"下一步"按钮，如图1-53所示。

04　因为不记得密码，⑤所以点击"用短信验证码登录"，如图1-54所示。

05　在出现的界面中，⑥点击"获取验证码"按钮，如图1-55所示。

06　在弹出的对话框中，⑦点击"确定"按钮，如图1-56所示。

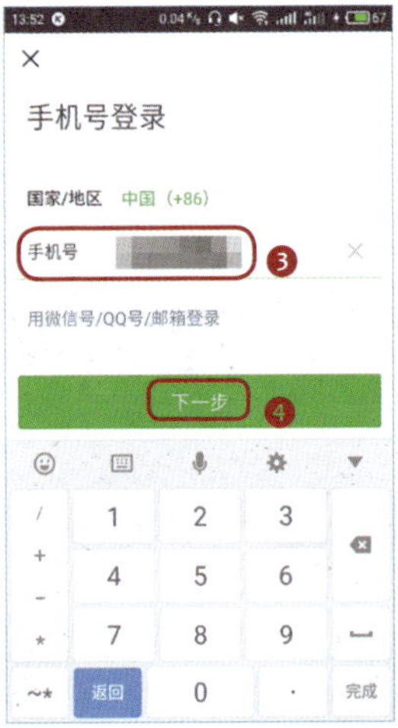

图 1-53

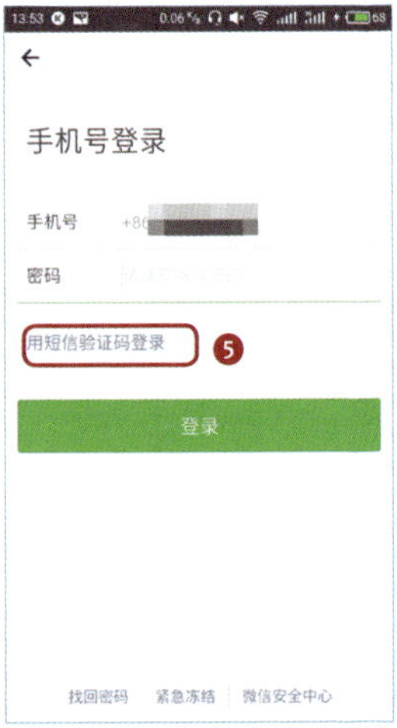

图 1-54

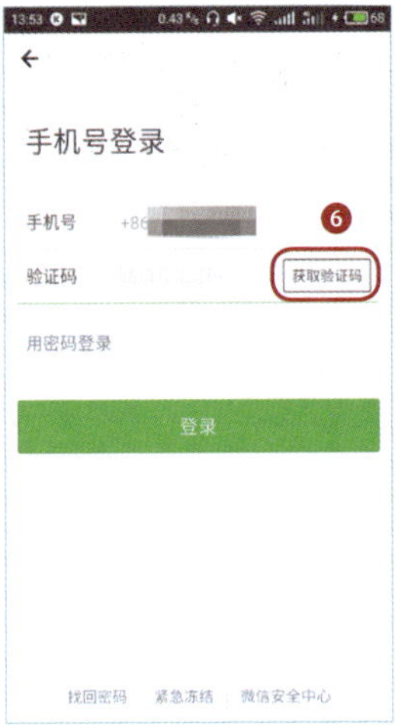

图 1-55

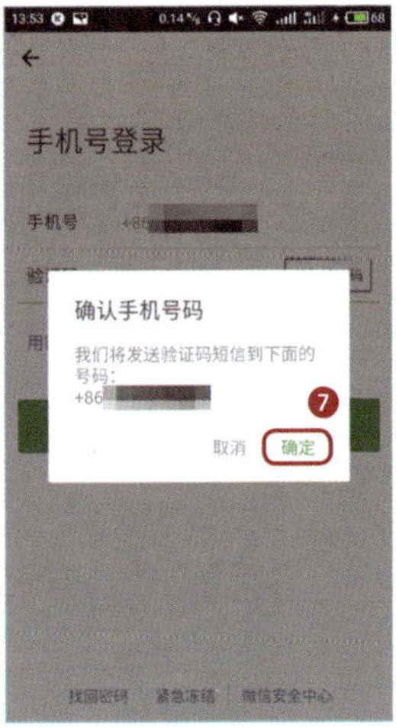

图 1-56

07 微信服务器会发送一个六位数的验证码，⑧将收到的验证码填入"验证码"文本框。⑨点击"登录"按钮，如图1-57所示。

08 微信登录成功，如图1-58所示。

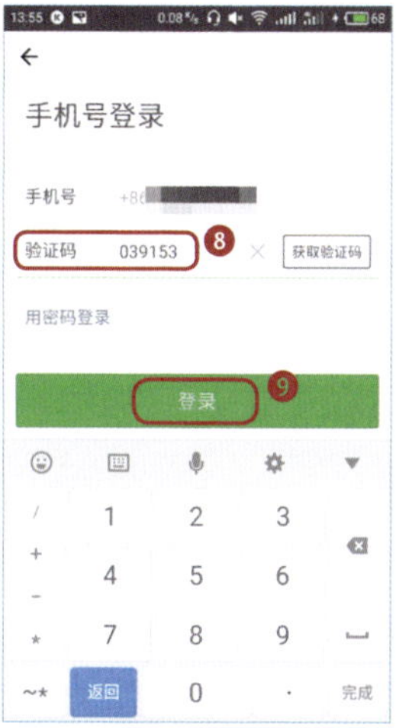

图 1-57 　　　　　　　　　　　图 1-58

找回密码

忘记微信密码虽然可以用其他方式登录微信，但微信密码是登录微信的最简便方式，因此，找回微信密码是十分必要的。以下是找回密码的具体步骤。

01 输入手机号后，①点击"找回密码"，如图1-59所示。

02 如果已绑定手机，②可点击"已绑定手机号"，通过短信验证码的方式登录账号，如图1-60所示。

03 如果已绑定QQ，③点击"已绑定QQ号"，通过QQ号和QQ密码登录，如图1-61所示。

04 在出现的界面中，显示QQ登录的流程，如图1-62所示。

图 1-59

图 1-60

图 1-61

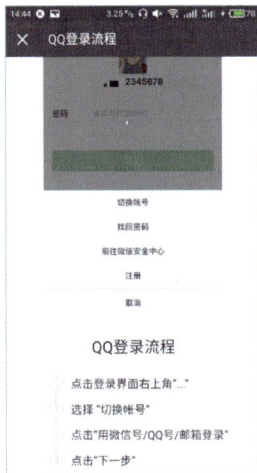

图 1-62

05 如果已绑定邮箱，④点击"已绑定邮箱"，通过邮箱重设密码，如图1-63所示。

06 ⑤在文本框内输入邮箱账号，⑥点击"下一步"按钮，如图1-64所示。

07 在出现的界面中提示：登录邮箱，通过邮箱重设密码，如图1-65所示。

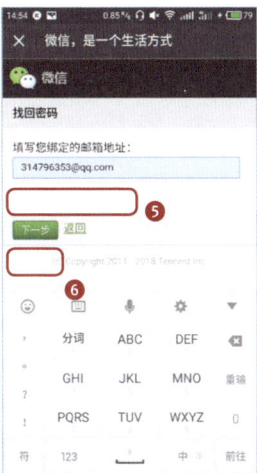

图 1-63　　　　　　　　　图 1-64　　　　　　　　　图 1-65

08 如果不能通过以上三种方法登录微信，还可以通过申诉找回密码。⑦点击"申诉找回微信账号密码"，如图1-66所示。

09 ⑧在出现的界面中点击"开始申诉"按钮，如图1-67所示。

10 出现"申诉找回微信账号密码"界面，如图1-68所示。

11 如果记得微信号，⑨点击"我记得微信号"。在出现的界面中，依次填写信息后，⑩点击"下一步"按钮即可，如图1-69所示。

12 如果不记得微信号，⑪点击"我不记得微信号"。在出现的界面中，依次填写信息，⑫点击"下一步"即可，如图1-70所示。

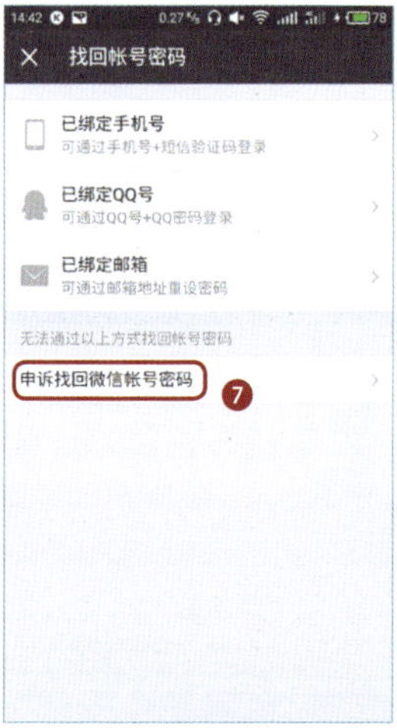

图 1-66 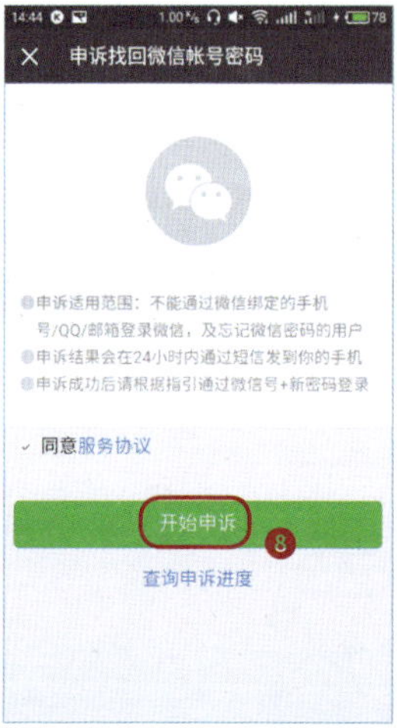　　　　　图 1-67 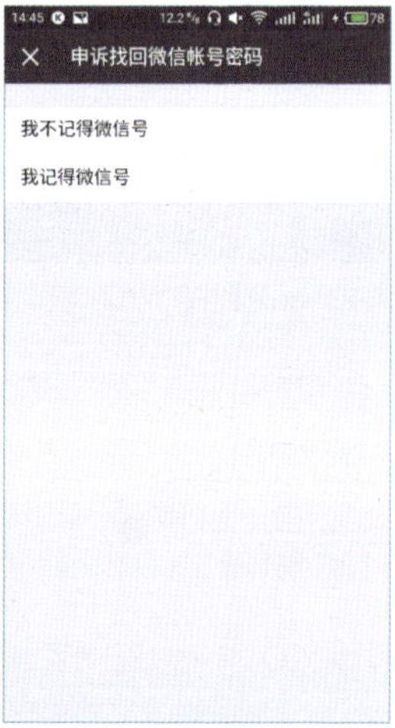　　　　　图 1-68

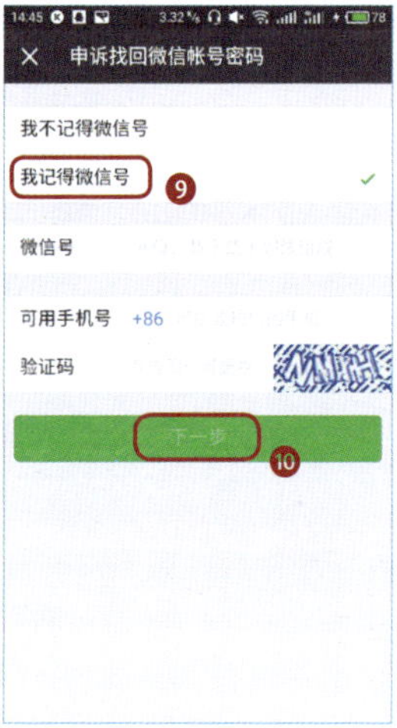

图 1-69 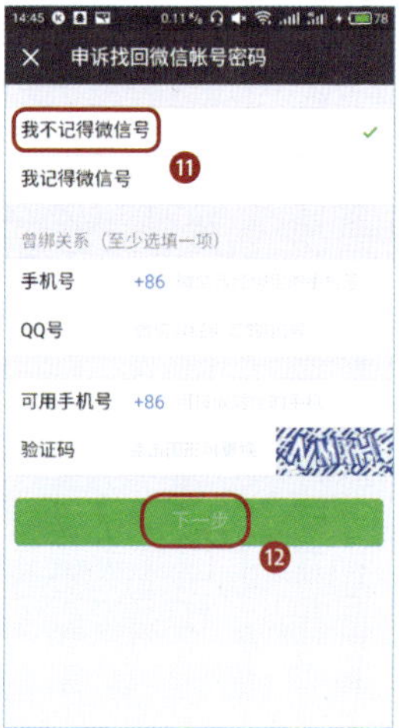　　　　　图 1-70

小提示：怎样退出微信

　　微信可以登录，也可以退出。当我们出门在外不需要登录微信时，退出微信可以避免别人拿到手机直接登录微信，盗取微信内的信息。那么，怎么才算真正地退出微信呢？下面，介绍两种退出微信的方法。

● 暂时退出

　　暂时退出就是按"返回"键，iPhone 可以直接轻摁手机下方中间的圆形按键。退出之后，聊天记录不会消失。再次点击微信图标，微信直接登录，不用输入账号和密码。

● 退出账号

　　退出账号就是退出当前使用的微信账号。退出之后，不会删除聊天记录。再次打开微信，需要输入账号和密码才能登录微信。以下是具体的操作方法。

01　在微信的主界面中，①点击"我"，②然后点击"设置"，如图 1-71所示。

02　在"设置"界面中往上滑动，③点击"退出"，如图 1-72所示。

03　在弹出的对话框中，④点击"退出登录"，如图 1-73所示。

04　⑤在弹出的对话框中点击"退出"，这样就退出微信了，如图 1-74所示。

图 1-71

图 1-72

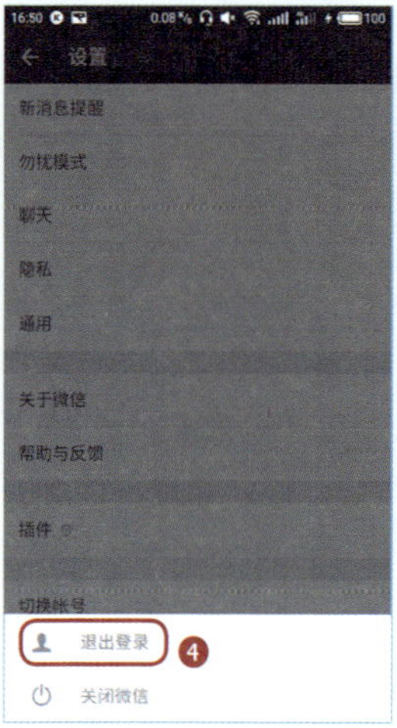

图 1-73

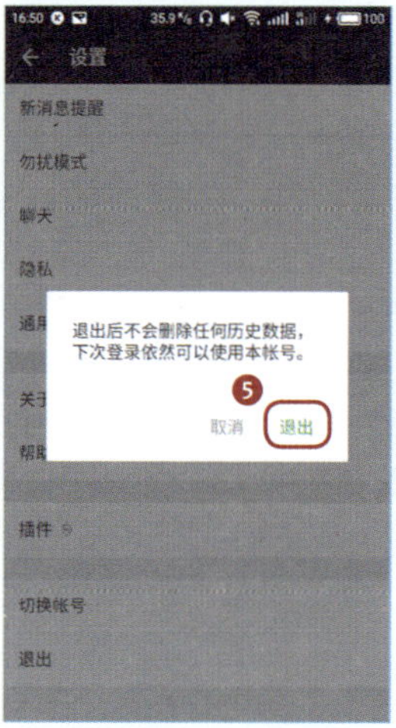

图 1-74

1.3   个性化，自己资料可修改   ⊕

　　就像打扫和装饰我们的小家一样，我们也可以给微信进行"打扮"，修改自己不满意的部分，让微信好友更直观、全面地了解我们。填写、修改我们的个人资料，完善个人信息，使微信账号变得"独一无二"。在使用微信的过程中，体验具有个性化的"微信"生活！

🔘 1.3.1   微信号，切记只能设一次

　　在添加朋友时，如果我们不愿意告诉别人自己的手机号码，那么可以告诉他微信号来添加新朋友。这样既不会泄露自己的手机号码，也可以添加新朋友。需要注意的是，微信号只能设置一次，设置后不能变更，所以设置微信号一定要谨慎。以下是设置微信号的具体步骤。

01 　登录微信，①在界面中点击"我"，②点击"微信号"，如图1-75所示。

02 　在"个人信息"界面中，③点击"微信号"，如图1-76所示。

03 　在"设置微信号"界面中，④点击微信号，如图1-77所示。

04 　⑤在文本框中输入自己喜欢的、好记的微信号。微信号以字母开头，可以由6~20个字母、数字、下画线或减号组成，如图1-78所示。

图 1-75

图 1-76

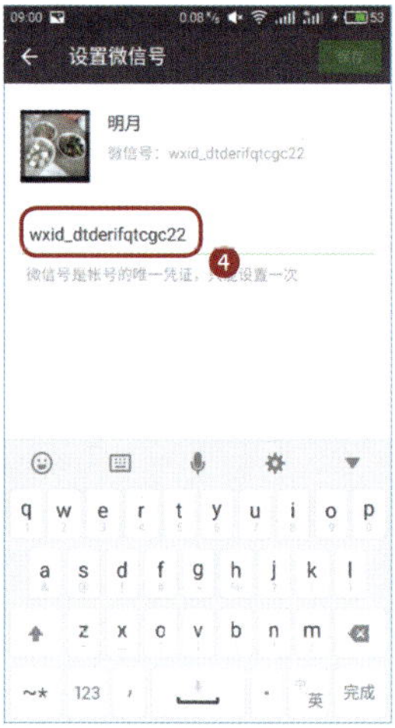

图 1-77

图 1-78

05 输入微信号后，⑥点击"保存"按钮，如图1-79所示。

06 在弹出的对话框中，⑦点击"确定"，微信号设置成功，如图1-80所示。

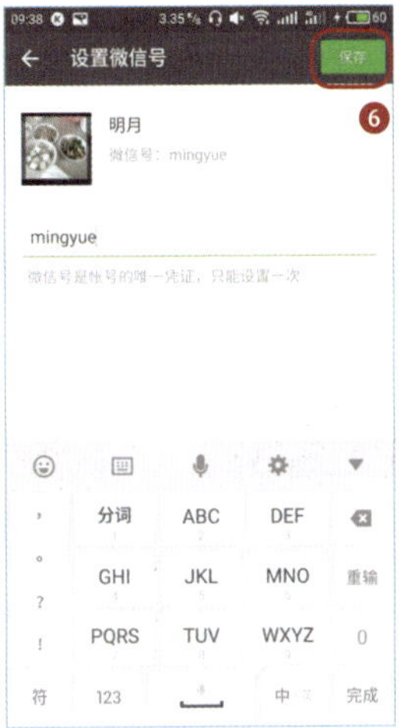

图 1-79

图 1-80

1.3.2　随性变，头像昵称二维码

除了设置微信号，我们还可以改变微信的头像和昵称。微信头像是微信的"门面"，他人添加自己为好友时第一眼看到的就是微信头像。当我们对自己设置的微信头像和昵称不满意时，可以随时更改，根据自己的喜好把微信打造得焕然一新。

头像

头像是我们和别人聊天时，表示自己身份的图片。如果我们不喜欢原来的头像了，可以重新选择微信头像。下面是更换头像的具体步骤。

01　在"个人信息"界面中，①点击"头像"，如图1-81所示。

02　在打开的界面中，②选择自己喜欢的图片，如图1-82所示。

图 1-81

图 1-82

03 选择图片后，③点击"使用"按钮，如图1-83所示。

04 ④头像设置完成，如图1-84所示。

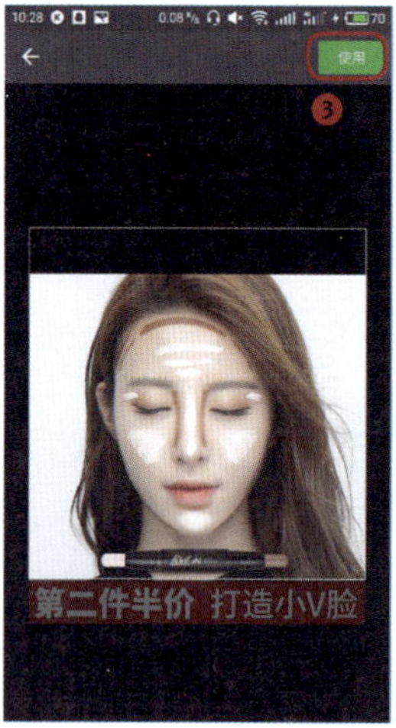

图 1-83

图 1-84

　　如果图片中没有自己喜欢的照片，也可以随时拍摄，具体的操作步骤如下。

01　在"个人信息"界面中，①点击"头像"，如图1-85所示。

02　在"图片"界面中，②点击"拍摄照片"，如图1-86所示。

图 1-85 　　　　　　　　　　　　图 1-86

03　将手机对准喜欢的景物，③点击中间的白色圆圈，如图1-87所示。

04　拍完之后，④点击"完成"。如果对拍的照片不满意，⑤可以点击"重拍"，重新拍摄照片，如图1-88所示。

05　确认照片后，⑥点击"使用"按钮，头像设置完成，如图1-89所示。

图 1-87 　　　　　图 1-88 　　　　　图 1-89

如果微信头像更换不成功，可能有以下几个原因。

- 手机网络不稳定。当手机网络不稳定的时候，上传照片会是断断续续的，不能更换微信头像，所以我们要确保手机网络稳定之后，再更换头像。

- 图片损坏。如果我们选择的图片是损坏的，也不能更换头像，所以在选择图片的时候，要选择完整的、清晰的图片。

- 系统维护升级。当微信服务器进行升级或者维护的时候，不能更换头像。遇到这种情况，我们只要等待服务恢复正常之后，再更换头像即可，如图1-90所示。

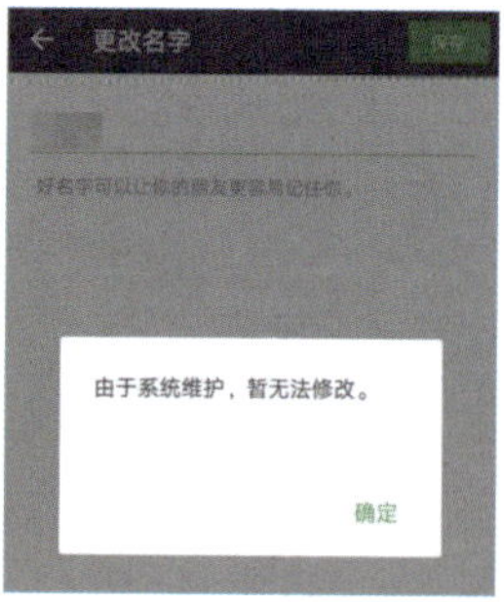

图 1-90

昵称

与头像一样，昵称也可以进行修改。昵称是我们的微信账号的名字。如果不喜欢了，可以随时进行修改。修改昵称的具体操作步骤如下。

01　在"个人信息"界面中，①点击"昵称"，如图1-91所示。

02　②在"更改名字"界面输入自己喜欢的名字。③然后点击"保存"按钮，如图1-92所示。

03　微信昵称修改成功，如图1-93所示。

图 1-91 　　　　　　　图 1-92 　　　　　　　图 1-93

如果不能更改微信昵称，可能是微信系统在升级，只要等到升级过后就能修改微信昵称了。

二维码

每个微信账号都有一个对应的二维码，其他人可以通过扫描这个二维码来添加你的微信。当我们更换头像的时候，二维码中间的图片也会更换，具体的操作步骤如下。

01 在"个人信息"界面中，点击"二维码名片"，如图1-94所示。

02 专属于我们的二维码就打开了，如图1-95所示。

图 1-94　　　　　　　　　图 1-95

🔵 1.3.3　看一看，这些信息有何用

除了头像、昵称和二维码名片等信息，我们还可以完善"个人信息"中的其他信息，这些信息可以让微信好友更好地了解我们。填写后还可以随时更改和完善。

性别

性别是最基本的信息，可填可不填，根据自己的需要自行选择。选择性别的操作步骤如下。

01 在"个人信息"界面中，①点击"更多"，如图1-96所示。

02 在"更多信息"界面中，②点击"性别"，如图1-97所示。

图 1-96 　　　　　　　图 1-97

03 在弹出的对话框中，选择性别，如图1-98所示。

04 选择后可以看到性别信息已发生更改，如图1-99所示。

地区

点击"地区"之后，手机会自动定位到省、市范围，定位后可查看我们所在的具体地址。设置地区的操作步骤如下。

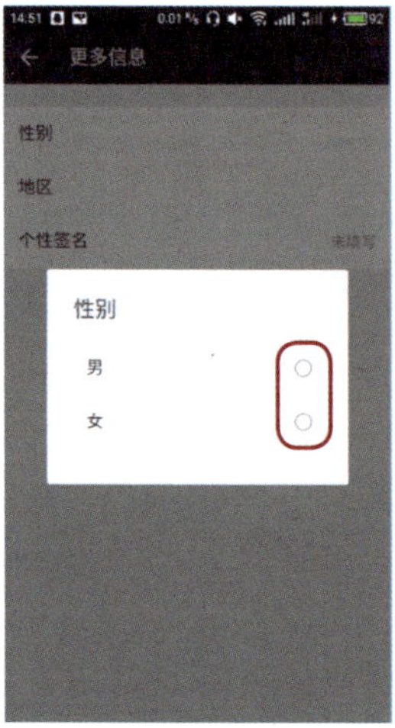

图 1-98

图 1-99

01 在"更多信息"界面中，①点击"地区"，如图1-100所示。

02 ②在"选择地区"界面中，会自动定位到我们所在的省和市，如图1-101所示。

图 1-100

图 1-101

个性签名

个性签名可以体现一个人的性格，它可以是一句富有哲理的话，也可以是自己不经意间的随笔。设置个性签名后，可以随时修改。设置个性签名的操作步骤如下。

01　在"更多信息"界面，①点击"个性签名"，如图1-102所示。

02　②在文本框内输入自己的个性签名，③然后点击"保存"按钮，个性签名设置成功，如图1-103所示。

图 1-102 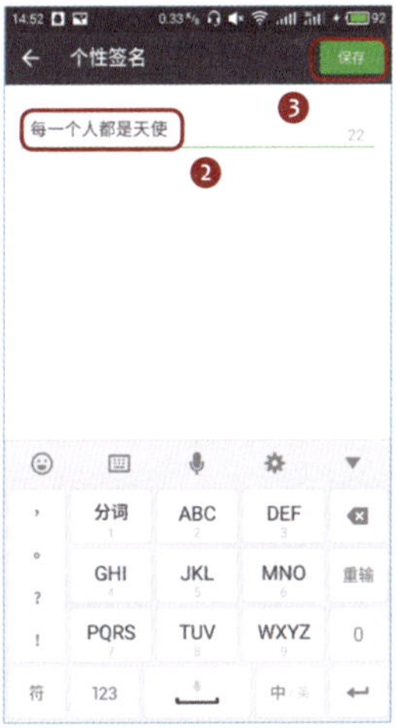　　　　　　　图 1-103

我的地址

点击"我的地址"，可以添加居所的具体地址。如果朋友要来家里拜访，我们就可以把地址发给对方。添加地址的操作步骤如下。

01　在"个人信息"界面中，①点击"我的地址"，如图1-104所示。

02 在"我的地址"界面中，②点击右上角的 ➕ 图标，如图 1-105所示。

03 在"新增地址"界面中，依次填写信息，③完成后点击"保存"按钮，增加地址成功，如图1-106所示。

图 1-104　　　　　　　图 1-105 　　　　　　　图 1-106

小提示：关键信息别暴露太多

　　完善资料后，我们的信息就很全面了。但是，如果我们的微信号被盗取或者手机丢失，这些个人信息就很可能会泄露。因此，我们需要格外注意，自己是不是加了陌生人为好友或者有没有泄露自己的个人信息。"隐私设置"可以很好地帮助我们保护自己的隐私。下面是隐私设置的具体操作方法。

01 登录微信，①点击"我"，②然后点击"设置"，如图 1-107所示。

02 ③在"设置"界面中点击"隐私"，如图 1-108所示。

03 ④在"隐私"界面中点击"加我为好友时需要验证"右侧的开关按钮，⑤然后关闭"允许陌生人查看十张照片"，如图 1-109所示。

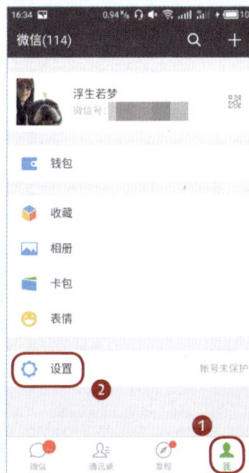

图 1-107　　　　　　　图 1-108

图 1-109

04 这样，隐私设置就完成了。

第 2 章

玩微信，贴心功能抢先学

📅 内容摘要

巧设置，便利调整不求人

妙辅助，解决聊天小难题

精操作，管理软件有一套

滑动解锁

　　对于第一次接触微信的中老年朋友来说，"微信怎么玩？"是使用微信的一大问题。想询问家里的年轻人，又担心耽误他们的学习和工作；想要自己琢磨，又觉得操作太复杂。下面，将介绍一些操作简单并且实用的功能，使"玩微信"变得简单。

2.1　巧设置，便利调整不求人　　　　　　　⊕

　　前面我们已经学习了完善个人信息的方法，接下来，为了让微信更容易上手，我们可以设置一些可以方便我们操作的功能。

◐ 2.1.1　调文字，不用担心看不清

　　我们在看微信消息的时候，会不会觉得字号太小、文字模糊，导致看不清文字呢？别着急，微信可以调节文字大小，从此看消息再也不用担心看不清楚了。调整文字大小的操作步骤如下。

01 登录微信，①在微信主界面中点击"我"，②然后点击"设置"，如图2-1所示。

02 在"设置"界面中，③点击"通用"，如图2-2所示。

03 在"通用"界面中，④点击"字体大小"，如图2-3所示。

04 在"字体大小"界面中，⑤按住界面下方的白色小圆圈并向右滑动，使文字变大（向左滑动文字变小），如图2-4所示。

图 2-1 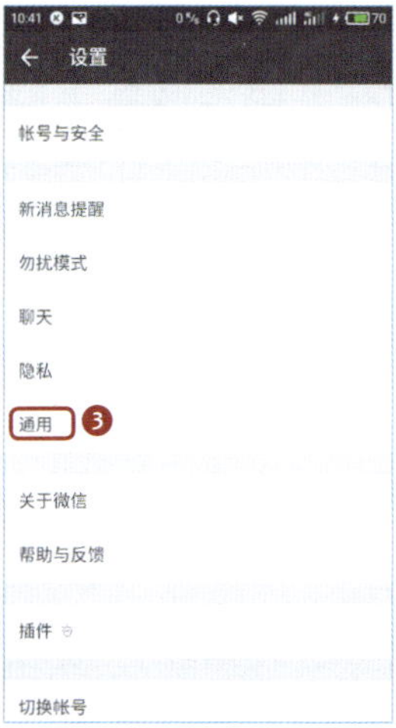　　　　　图 2-2 　　　　　图 2-3

05 现在文字就变大了，如图2-5所示。

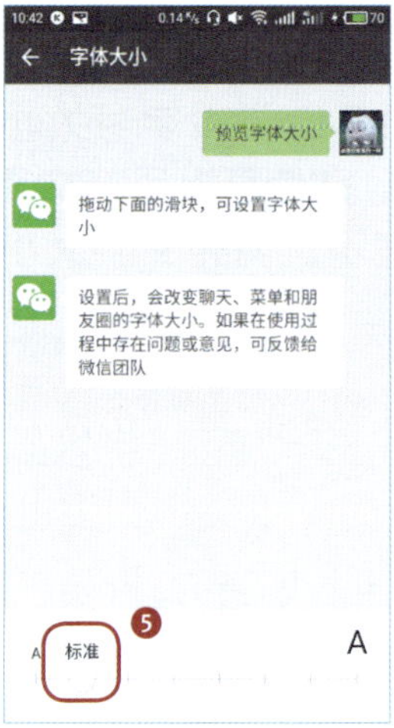

图 2-4 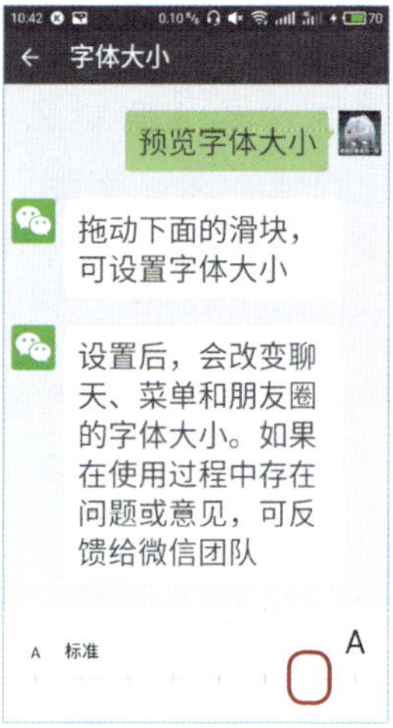　　　　　图 2-5

⬤ 2.1.2　换背景，告别单调颜色

　　调整文字的大小是为了让眼睛减少负担，同样地，更改聊天背景也可以让我们在玩微信的时候更加舒适。聊天背景是聊天界面中的背景图片，我们在和别人聊天的时候，聊天界面除了发送的消息就是一片白色，看久了眼睛会感觉胀痛。此时可以更换聊天背景，例如，把孩子的照片作为聊天背景，不仅缓解了眼睛的不适感，也可以随时看到他们。

个人聊天背景

　　设置个人聊天背景，改变的是与一个好友聊天的背景。更换个人聊天背景的具体操作步骤如下。

01　打开与好友的聊天界面，①点击右上角的 👤 图标，如图 2-6 所示。

02　在"聊天信息"界面中，②点击"设置当前聊天背景"，如图 2-7 所示。

03　在"聊天背景"界面中，③点击"选择背景图"，如图 2-8 所示。

04　在"选择背景图"界面中，④选择一张自己喜欢的图片，如图 2-9 所示。

05　聊天背景更换成功，如图 2-10 所示。

06　如果我们想使用其他的图片，点击"下载"就可以更换了。

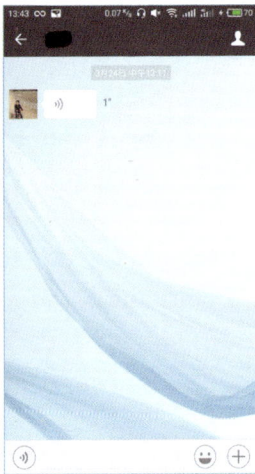

图 2-6

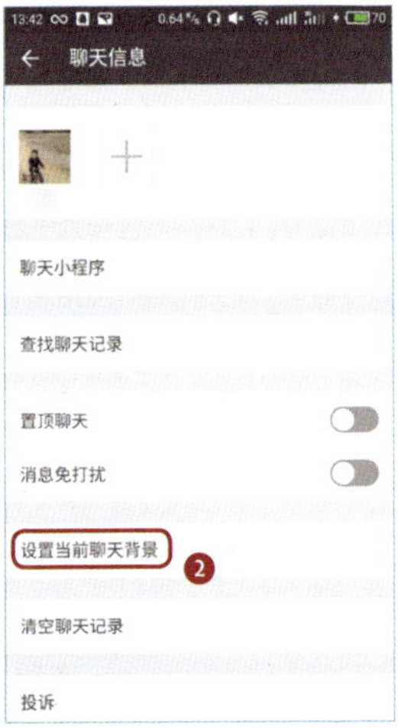

图 2-7

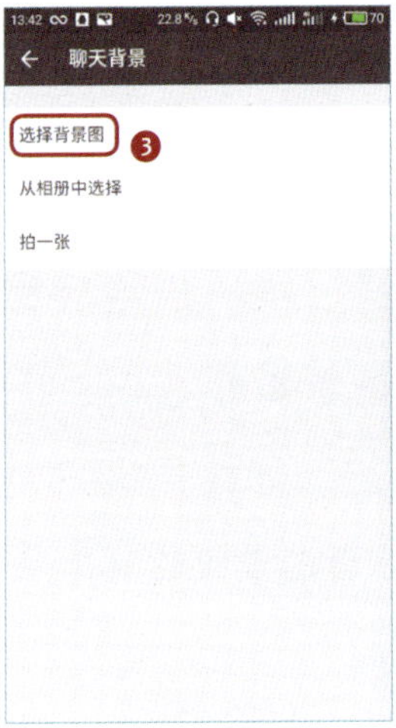

图 2-8

图 2-9

图 2-10

如果背景图中没有我们喜欢的图片，还可以点击"从相册中选择"，并更改背景图。从相册中选择是指从手机相册中选择合适的图片作为背景图，具体的操作步骤如下。

01 在"聊天背景"界面中，①点击"从相册中选择"，如图2-11
　　　所示。

02 在"图片"界面中，②随意选择一张自己喜欢的图片，如图
　　　2-12所示。

03 ③点击"使用"按钮即可更换背景图，如图2-13所示。

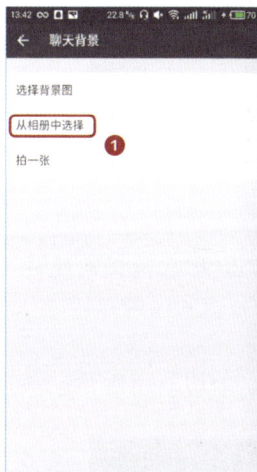

　　图 2-11　　　　　　　图 2-12　　　　　　　图 2-13

　　另外，还可以现场拍摄照片作为背景图。现场拍摄的照
片可以是美丽的风景，也可以是某个特定的人，依据个人喜
好而定。拍摄照片的具体操作步骤如下。

01 在"聊天背景"界面中，①点击"拍一张"，如图2-14所示。

02 将手机对准自己喜欢的景物，②点击中间的小圆圈，如
　　　图2-15所示。

图 2-14  图 2-15

03 拍摄照片后，③点击"完成"就可以了。如果对拍摄的照片不满意，④点击"重拍"，重新拍摄照片，如图2-16所示。

04 ⑤点击"使用"按钮，即可更换背景图，如图2-17所示。

图 2-16 图 2-17

所有聊天背景

　　个人聊天背景更换的是与一个好友聊天的背景，而所有聊天背景更换的是与所有好友聊天的背景。学会了更换所有聊天背景，我们就可以将所有好友的聊天背景一次性设置好。具体的操作步骤如下。

01　①在微信主界面点击"我"，②然后点击"设置"，如图2-18所示。

02　在"设置"界面中，③点击"聊天"，如图2-19所示。

03　在"聊天"界面中，④点击"聊天背景"，如图2-20所示。

图 2-18　　　　　　　图 2-19　　　　　　　图 2-20

04　在"聊天背景"界面中，⑤点击"选择背景图"，如图2-21所示。

05　在"选择背景图"界面，⑥选择一张自己喜欢的图片作为聊天背景，如图2-22所示。

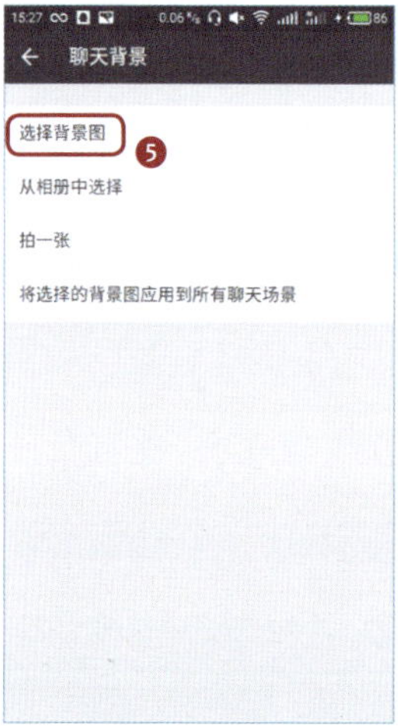

图 2-21

图 2-22

06 选好背景图片后，回到"聊天背景"界面，⑦点击"将选择的背景图应用到所有聊天场景"，如图2-23所示。

07 在弹出的对话框中，⑧点击"确定"，就可以将所有好友的聊天背景都更换成当前的背景图片了，如图2-24所示。

当然，我们也可以点击"从相册中选择"和"拍一张"来设置背景图片，方法与更换个人聊天背景的步骤一致。

2.1.3 改亮度，护眼同时更清晰

当我们盯着手机屏幕久了，眼睛会感到酸涩、有疲劳感，出现视线模糊的情况。长期看手机对眼睛的伤害比较大，为了保护眼睛，我们可以调节手机屏幕的亮度，减轻眼睛的负担。

自动亮度

当打开"自动亮度"之后，手机会根据环境光线的强弱来自动调节屏幕亮度，从而达到保护眼睛的作用。

点击控制板中的"自动亮度"图标■，当图标点亮后，即表示已开启"自动亮度"功能，如图 2-25 所示。

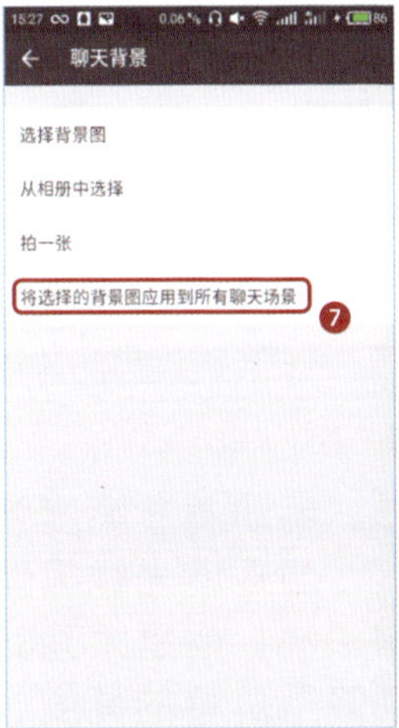

图 2-23 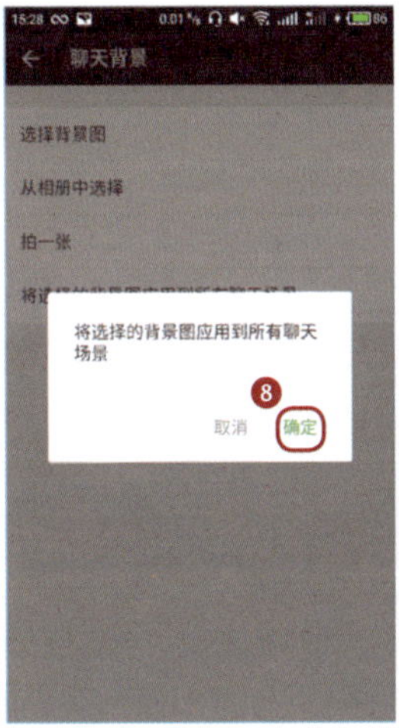   图 2-24    图 2-25

此外，我们还可以通过"设置"开启"自动亮度"功能，具体的操作步骤如下。

01 在手机桌面中，①点击"设置"，如图2-26所示。

02 在"设置"界面中向上滑动，②找到"显示和亮度"，如图2-27所示。

03 在"显示和亮度"界面中，③点击"自动调节"右侧的开关按钮，开启后"自动调节"功能打开，手机会根据环境光线自行调节手机屏幕的亮度，如图2-28所示。

图 2-26  　　　　　图 2-27  　　　　　图 2-28

手动调节亮度

除了自动调节亮度，还可以手动调节。手动调节亮度就是根据自己的需要，调节手机屏幕的亮度。当环境光线很强的时候，自动亮度功能会将手机屏幕调得很亮，但是太亮的屏幕会刺激我们的眼睛，此时就需要手动降低屏幕的亮度。手动调节亮度的具体操作步骤如下。

01 按住手机屏幕顶部并向下滑动，在出现的控制板中，按住白色的小圆点，向左滑动手机屏幕变暗，向右滑动屏幕变亮，如图2-29所示。

02 滑到最右侧屏幕亮度达到最高，如图2-30所示。

值得一提的是，在手机设置中也可以手动调节亮度。具体的操作步骤如下。

01 在手机桌面中，①点击"设置"图标，如图2-31所示。

图 2-29 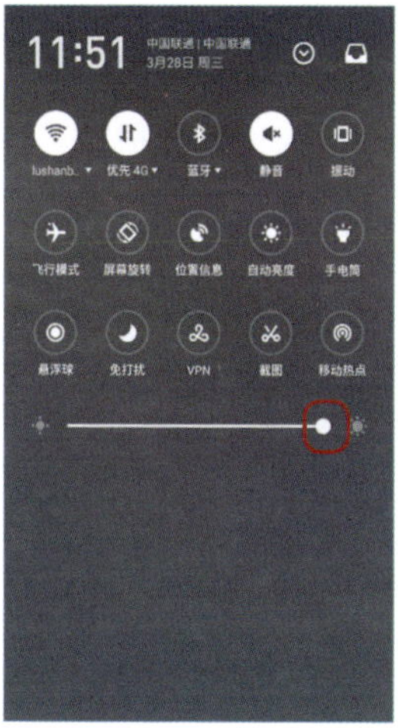　　　　　　　　　　　　图 2-30

02 在"设置"界面中向上滑动，②找到并点击"显示和亮度"，如图2-32所示。

03 在"显示和亮度"界面中，③按住蓝色圆点，向左滑动屏幕变暗，向右滑动屏幕变亮，可以根据自己的需要进行调节，如图2-33所示。

小提示：选择背景注意长宽比

　　很多人在设置微信背景的时候，明明是一张正常的图片，但是把这张图片设置成背景之后，人物或景物却发生了变形。这是因为手机屏幕的宽度是固定的，而找的背景图片太窄，在手机上就会被拉伸，导致图片内容变形；如果背景图片太宽，图片会被剪裁。所以，在找背景图片的时候，一定要注意长宽比，搜索图片的时候建议加上"手机背景图片"几个字，避免找到的图片被过分拉伸或剪裁。

图 2-31 　　　　　　　图 2-32 　　　　　　　图 2-33

2.2　妙辅助，解决聊天小难题　　　　➕

很多人在使用微信聊天的过程中会遇到各种各样的状况，例如，微信消息太多太烦人、不会发送表情、手写输入太麻烦等。本节将介绍一些实用又易用的功能，帮助我们完美地解决这些问题。

2.2.1　免打扰，消息提醒可以调

添加微信好友后，我们会接收对方发来的消息，但是我们不知道对方发消息的具体时间，因此也不能在第一时间回复。为了避免错过好友的消息，也为了不让我们的休息时间被打扰，设置消息提醒十分必要。

新消息提醒

我们和好友很可能不是在同一时间使用微信，对方发来消息后，自己可能在一天或者两天之后才会看到，这很可能耽误很多事情。那么，我们怎么样才能及时地查看和回复消息呢？新消息提醒就是指当微信接收到新消息时，手机会发出提示音。听到手机提示，我们就不会错过好友发来的消息了。设置提示音的具体操作方法如下。

01　在"设置"界面中，①点击"新消息提醒"，如图2-34所示。

02　②点击"接收新消息通知"右侧的开关按钮，将该功能开启，手机接收到新消息后将发出提示音，如图2-35所示。

图 2-34

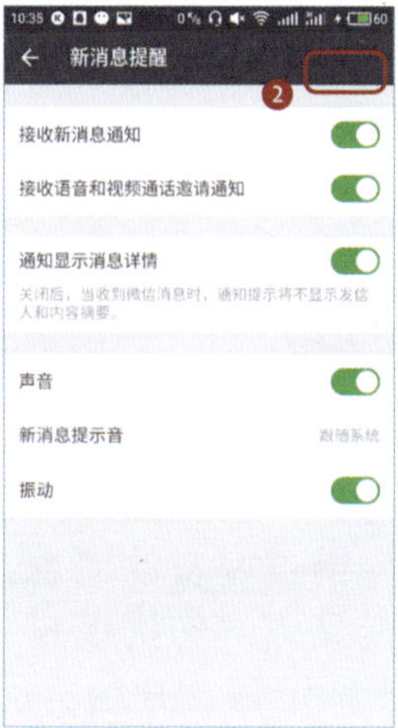

图 2-35

消息提醒的方式有两种——声音和振动。在"声音"模式中，我们可以选择自己喜欢的提醒音；而打开"振动"模式之后，每当手机接收消息时手机就会振动，具体的设置方法如下。

01　在"新消息提醒"界面，①点击"新消息提示音"，如图 2-36所示。

02　在"新消息提示音"界面中，选择自己喜欢的提示音，②如 果选中"跟随系统"选项，将使用手机系统的提示音，如图 2-37所示。

图 2-36

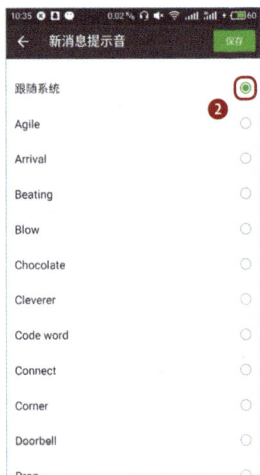

图 2-37

免打扰模式

开启了消息提醒后，我们随时都会听到手机的提示音， 虽然不会错过好友的消息，但有时难免会打扰我们休息。免 打扰模式又称"勿扰模式"，它可以让手机在我们休息的时 候不发出提示音。开启勿扰模式的操作步骤如下。

01 ①打开微信，如图2-38所示。

02 在微信主界面中，②点击"我"。③然后点击"设置"，如图 2-39所示。

03 在"设置"界面中，④点击"勿扰模式"，如图2-40所示。

图 2-38    图 2-39    图 2-40

04 在"勿扰模式"界面，⑤点击"勿扰模式"右侧的开关按钮，将勿扰模式开启，如图2-41所示。

05 勿扰模式开启后，⑥点击"开始时间"，设置勿扰模式开启的开始时间，如图2-42所示。

06 在弹出的对话框中选择时间，⑦然后点击"确定"即可，如图2-43所示。

07 用同样的方法设置结束时间。

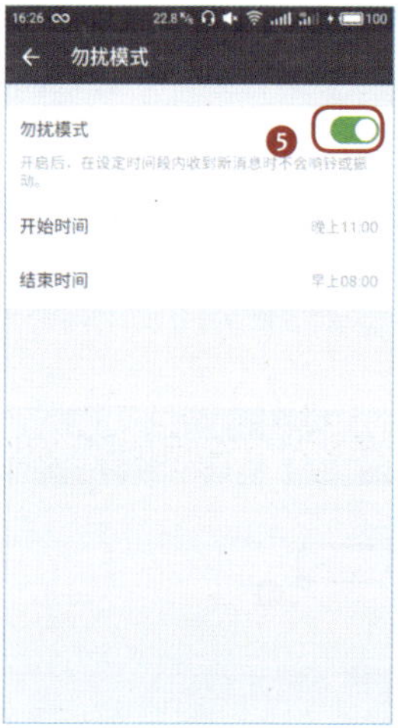

图 2-41 　　　　　　　图 2-42 　　　　　　　图 2-43

◑ 2.2.2　开横屏，打字能用全键盘

　　当我们在平板电脑或者屏幕比较大的手机上玩微信的时候，如果是竖屏，打起字来就没有那么方便了，此时我们可以开启横屏模式，并将手机横放，这样就能够横屏打字了。开启横屏模式的具体操作步骤如下。

01　在"设置"界面中，①点击"通用"，如图2-44所示。

02　②点击"开启横屏模式"右侧的开关按钮，将横屏模式开启，此时我们可以横屏玩微信了，如图2-45所示。

◑ 2.2.3　下表情，聊天不只是打字

　　"表情"是表达人们情绪的表情图片，在与微信好友聊天，表示我们很开心的时候，我们一般不会发"我很高兴"4个字，

而是会发"开心"的表情图片。

图 2-44 　　　　　　　　　图 2-45

01 打开与好友的聊天界面，①点击下方的微笑表情按钮，如图2-46所示。

02 在弹出的界面中，②选择合适的表情图片。③点击"发送"按钮，如图2-47所示。

03 此时表情就发送出去了，如图2-48所示。

　　如果微信自带的表情不能表达我们相应的情绪，还可以下载表情包，具体的操作步骤如下。

01 打开微信，①在微信主界面中点击"我"，②然后点击"表情"，如图2-49所示。

02 在弹出的界面中选择我们喜欢的表情包，③点击"下载"按钮，如图2-50所示。

图 2-46　　　　　　　　图 2-47　　　　　　　　图 2-48

03　下载完毕后，打开与好友的聊天界面，底部可以看到已下载的表情包，④点击相应的表情就可以发送了，如图2-51所示。

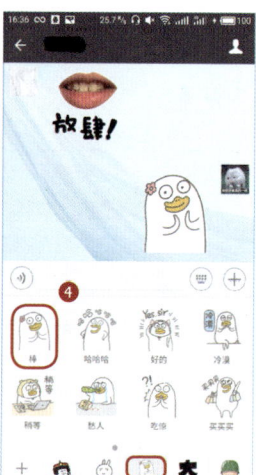

图 2-49　　　　　　　　图 2-50　　　　　　　　图 2-51

小提示：帮助与反馈怎样使用

很多中老年朋友玩微信的时候会遇到一些问题，但是又不想去打扰孩子的学习和工作，问身边的朋友，也是一知半解。久而久之，那些解决不了的问题就会一直堆积，影响了玩微信的兴趣。其实，一些简单的问题在微信的"帮助与反馈"栏目中就有答案。学会使用"帮助与反馈"，我们再也不用担心微信不会操作了，具体的操作步骤如下。

01 登录微信，①在微信主界面中点击"我"，②然后点击"设置"，如图2-52所示。

02 在"设置"界面中，③点击"帮助与反馈"，如图2-53所示。

03 在"帮助与反馈"界面中有一些常见的问题及其解决办法，如果我们遇到了此处展示的问题，直接点击就可以查看官方给出的答案；如果我们遇到的问题这里没有列出，可以点击下方的"快捷帮助"，也可以得到解答，如图2-54所示。

图 2-52 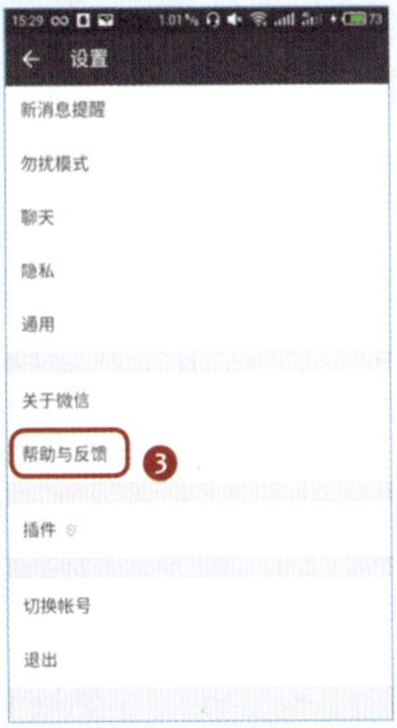　　　　　图 2-53 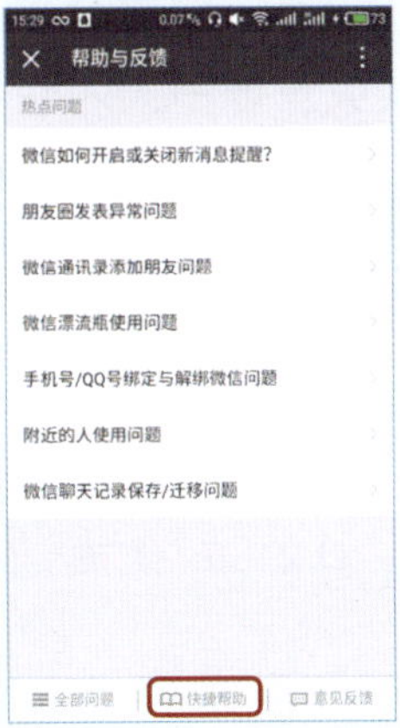　　　　　图 2-54

2.3　精操作，管理软件有一套　　　　⊕

在与微信好友聊天的过程中，我们会收到好友发来的图片和文字消息。这些图片和文字消息会占用手机内存，如果长时间不清理，手机的运行速度就会变得缓慢。那么，怎么样才能正确地管理微信，让微信不影响手机的使用呢？下面将介绍一些管理微信的小技巧，让手机运行不再出问题。

⬤ 2.3.1　管页面，发现界面自定义

在"发现"界面中，我们可以点击朋友圈、扫一扫、摇一摇等选项，这些功能极大地丰富了我们的"微信生活"。对于一些我们不感兴趣的功能，可以通过"发现页管理"功能将其关闭。此时，发现界面不会再显示已关闭的功能。

发现页管理

"发现页管理"是对"发现"界面功能的管理途径。发现页管理中关闭的功能，在"发现"界面中不会显示。在"发现"界面中，对于一些我们不常用或不感兴趣的功能，可以通过"发现页管理"将其关闭，具体的操作步骤如下。

01　在微信主界面中，①点击"我"，②然后点击"设置"，如图2-55所示。

02　在"设置"界面中，③点击"通用"，如图2-56所示。

03　在"通用"界面中，④点击"发现页管理"，如图2-57所示。

图 2-55 　　　　　　图 2-56 　　　　　　图 2-57

04 在"发现页管理"界面中，⑤点击"朋友圈"右侧的开关按钮，将关闭朋友圈，如图2-58所示。

05 进入"发现"界面，朋友圈的选项已隐藏，如图2-59所示。

图 2-58

图 2-59

06 如果想恢复在"发现"界面查看朋友圈，就在"发现页管理"界面重新打开"朋友圈"即可。

辅助功能

与"发现页管理"功能相似的，还有辅助功能。"辅助功能"中关闭的功能，在微信界面也不会显示。对于微信界面中不感兴趣的功能，可通过"辅助功能"将其关闭。以下是"辅助功能"关闭功能的具体操作步骤。

01 在"通用"界面中，①点击"辅助功能"，如图2-60所示。

02 在"辅助功能"界面，从已启用的功能中选择不感兴趣的功能，②例如"腾讯新闻"，如图2-61所示。

图 2-60 　　　　　　　　　图 2-61

03 在打开的界面中，③点击"停用"按钮，如图2-62所示。

04 ④在弹出的对话框中点击"清空"按钮，即可停用"腾讯新闻"功能了，如图2-63所示。

05 停用"腾讯新闻"之后，我们不会再接收来自"腾讯新闻"的消息，如图2-64所示。

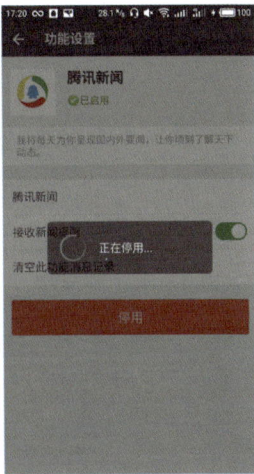

图 2-62　　　　　　图 2-63　　　　　　图 2-64

　　如果我们想恢复接收"腾讯新闻"发来的消息，可以通过"辅助功能"重新启用，具体的操作步骤如下。

01 ①在"辅助功能"界面的"从未启用的功能"中点击"腾讯新闻"，如图2-65所示。

02 ②在"功能设置"界面中点击"启用该功能"按钮，如图2-66所示。

03 启用成功后，即可重新接收到"腾讯新闻"发来的消息了，如图2-67所示。

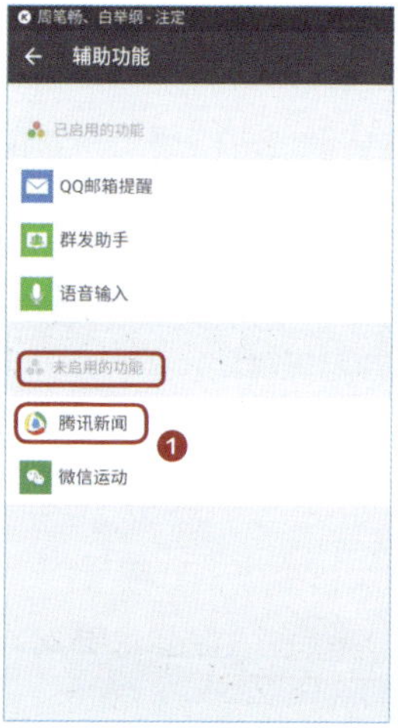

图 2-65 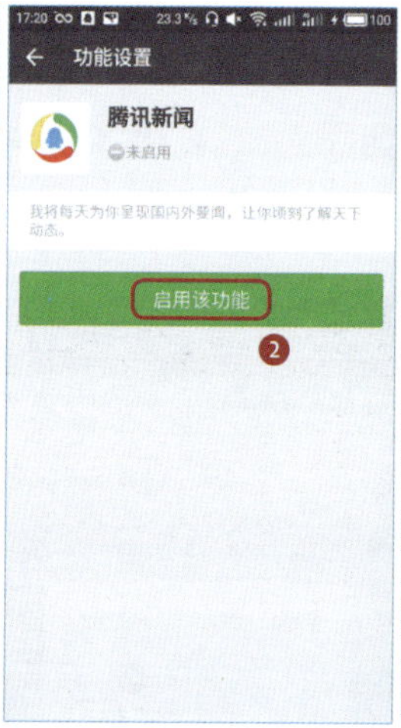　　　　　　　图 2-66 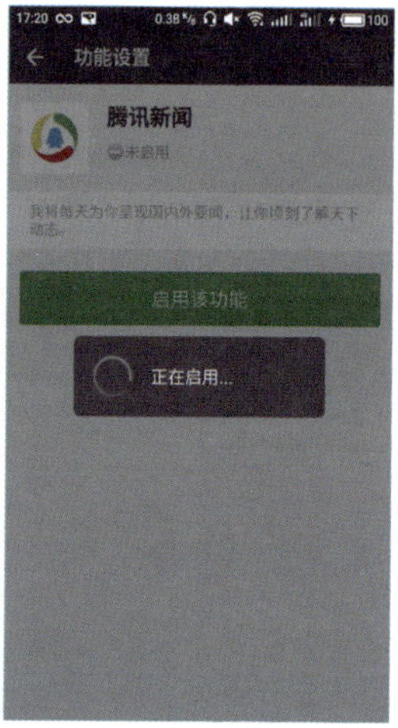　　　　　　　图 2-67

⬤ 2.3.2　留空间，取消这些有必要

　　长时间使用微信后，手机可能会弹出"微信内存空间不足，请清理"的对话框，如果不清理，微信的反应速度会变慢，从而影响我们的使用体验。那么，微信空间为什么隔一段时间就要清理呢？这是因为微信好友每次发来的视频、图片和文件都会自动下载到手机中，所以内存很快会被占满。其实，我们可以关闭自动下载功能，这样，就不用担心手机内存空间不足了。取消自动下载的操作步骤如下。

01　①在"设置"界面中，点击"通用"，如图2-68所示。

02　在"通用"界面中，②点击"照片、视频和文件"，如图2-69所示。

03　③点击"自动下载"右侧的开关按钮，将"自动下载"功能关闭，如图2-70所示。

图 2-68　　　　　　　图 2-69　　　　　　　图 2-70

　　微信拍摄的照片和视频是默认保存在系统相册中的，如果我们不想保存在相册中，也可以点击相应的开关按钮，将其关闭如图 2-71 所示。

2.3.3　慎更新，留心环境和功能

　　更新是新的、更加完善的软件版本代替旧版本的过程。有时在使用微信一段时间后，发现其他人的手机中有一些新的功能，才知道自己的软件版本有待更新，新版本意味着更强大的功能和更稳定的系统，因此，及时更新微信软件版本是很有必要的。

　　前面已经提过，下载、浏览和更新都是需要流量的，而如果耗费的流量过多，就需要额外付费了，所以用流量更新是很不划算的。如果我们要更新微信

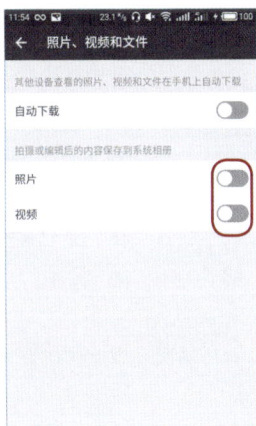

图 2-71

软件版本，建议在连接 Wi-Fi（无线网络）之后再来操作。在更新的过程中，也要注意周围的环境是否"安全"，不要连接来历不明的 Wi-Fi。

　　更新完成后，新版本的软件会出现一些原来没有的功能。在使用之前，我们要看清新功能的介绍，知道新功能的使用方法之后，再使用新功能。

小提示：内存满了如何去清理

　　当手机内存满了的时候，手机运行速度会变得缓慢，我们往往要等很久手机才会响应。此时，我们可以清理手机内存，删除手机中的垃圾（多余的安装包等）和缓存，加快手机的反应速度，让手机变得不再卡顿。

● **微信存储空间**

　　手机内存不够的时候，我们可以清理微信的存储空间，从而达到加快手机运行速度的目的。清理微信存储空间的具体操作步骤如下。

01　在"设置"界面中，①点击"通用"，如图2-72所示。

02　在"通用"界面中，②点击"微信存储空间"，如图2-73所示。

03　在"微信存储空间"界面中，③点击"管理微信存储空间"按钮，如图2-74所示。

04　④点击"管理当前微信账号聊天数据"按钮，如图2-75所示。

05 在"微信存储空间"界面中，⑤选中要删除的数据，然后点击"删除"按钮，如图2-76所示。

图 2-72　　　　　　　　　　图 2-73

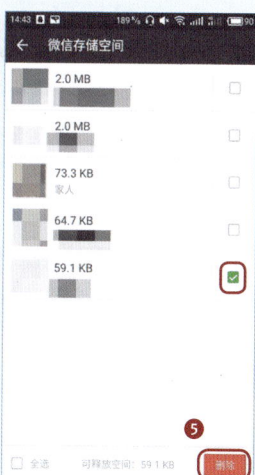

图 2-74　　　　图 2-75　　　　图 2-76

06 在弹出的对话框中，⑥点击"删除"按钮，如图2-77所示。

07 现在微信空间就清理成功了，点击"确定"按钮，如图2-78所示。

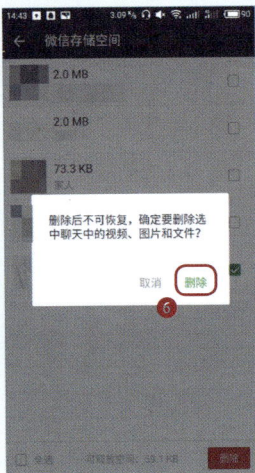

图 2-77

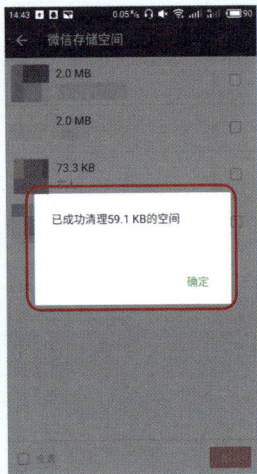

图 2-78

● 手机管家

　　清理微信存储空间只能清理微信占用的内存，那么，手机内存该怎么清理呢？"手机管家"是一款免费的手机安全与管理软件，可以帮助我们清理手机内存、查杀病毒、拦截骚扰短信和电话等。"手机管家"清理的是手机所有软件运行而产生的垃圾和缓存。在使用"手机管家"之前，必须先到应用商店下载，安装后才可以使用。如果手机中已经安装了"手机管家"，可以直接使用"手机管家"清理内存，具体的操作步骤如下。

01 在手机主界面中，①点击"手机管家"图标，如图2-79所示。

02 在打开的界面中，②点击"手机瘦身"，如图2-80所示。

03 等手机扫描完成后，③可以选择要清理的软件，例如"微信专清"，如图2-81所示。

04 在"微信专清"界面中，选择要清理的项目，④选中后出现 √符号。⑤点击"立即清理"按钮，如图2-82所示。

图 2-79　　　　　图 2-80　　　　　图 2-81

05 在弹出的对话框中，⑥点击"清理"，如图2-83所示。

06 内存清理完毕，如图2-84所示。

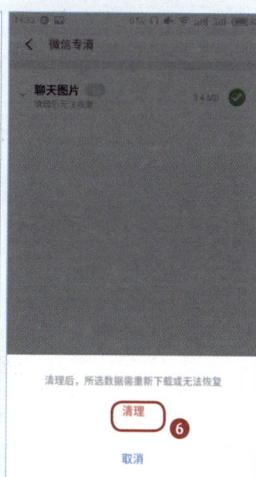

图 2-82　　　　　图 2-83　　　　　图 2-84

第3章

学社交，手机里面朋友多

📅 内容摘要

找朋友，方法简单又快捷

朋友圈，精彩生活不停转

来闲聊，丰富方式任你选

滑动解锁

拥有微信账号之后，中老年朋友就可以添加微信好友了。通过微信与孩子、老友们聊天，在表情包中和朋友们斗智斗勇，在朋友圈里看好友们的生活动态，让自己的生活不再单一枯燥、孤单寂寞！下面，让我们一起来看看怎么用微信展开丰富多彩的网络社交生活吧。

3.1　找朋友，方法简单又快捷　　　⊕

想要添加微信好友，就必须知晓对方的账号，通过输入账号添加好友之后，才能发送文字或语音消息。接下来，介绍几种简单的添加好友的方法。

3.1.1　微信号，距离不是大问题

孩子远在他乡工作，当年的老同学毕业以后也是各奔东西。现在，我们已经拥有自己的微信号了，距离不再是问题！无论相隔多远，打个电话、发个信息，问一下他们的微信账号，然后就可以通过搜索微信号、QQ 号或手机号等方法添加好友了。

用账号添加好友

用账号添加好友是指通过搜索对方的账号，从而添加对方为好友的方法，适用于彼此之间比较熟悉的人。以下是用账号添加好友的具体操作步骤。

01　①点击微信界面中的 ➕ 图标，②在弹出的菜单中点击"添

加朋友"，如图3-1所示。

02　③点击"添加朋友"界面中的搜索框 Q ，如图3-2所示。

03　在出现的搜索框中输入要查找的账号，④并点击"搜索"按钮进行查找，如图3-3所示。

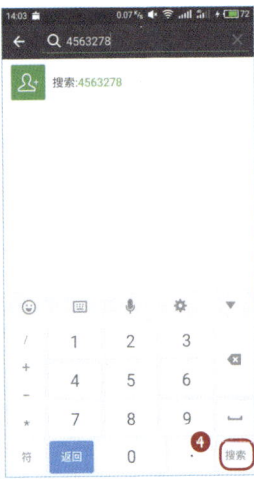

图 3-1　　　　　图 3-2　　　　　图 3-3

04　如果在列出的名单中有目标对象，⑤即可点击"添加到通讯录"按钮进行添加，如图3-4所示。

05　在"验证申请"界面中，⑥点击"发送"按钮，等待对方验证就可以了，如图3-5所示。

06　对方验证之后，即添加成功，如图3-6所示。

07　如果没有列出对象，⑦点击"搜索"按钮，如图3-7所示。

08　找到目标人后，⑧点击"添加到通讯录"按钮，会出现"验证申请"界面，如图3-8所示。

09 ⑨点击"发送"按钮，等待对方验证即可，如图3-9所示。

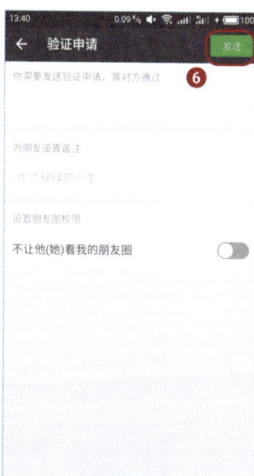
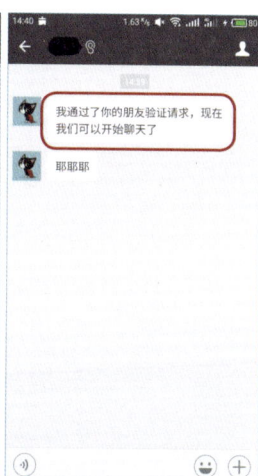

图 3-4　　　　　图 3-5　　　　　图 3-6

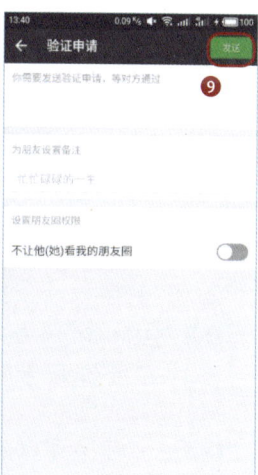

图 3-7　　　　　图 3-8　　　　　图 3-9

如果搜索手机号和 QQ 号时，系统回复"该用户不存在"，就代表对方没有用手机号开通微信或者没有用 QQ 号绑定微信，如图 3-10 所示。

图 3-10

用手机联系人添加微信好友

除了输入账号添加好友，还可以选择从手机通讯录中添加微信好友。如果通讯录中有好友或家人的手机号码，直接点击添加即可，具体的操作步骤如下。

01 ①点击"添加朋友"界面中的"手机联系人"，如图3-11所示。

02 ②点击"添加手机联系人"，就会出现手机联系人中注册了微信账号的联系人，如图3-12所示。

03 此时③可以点击"验证申请"界面中的"发送"按钮，发送添加请求，等待对方验证即可，如图3-13所示。

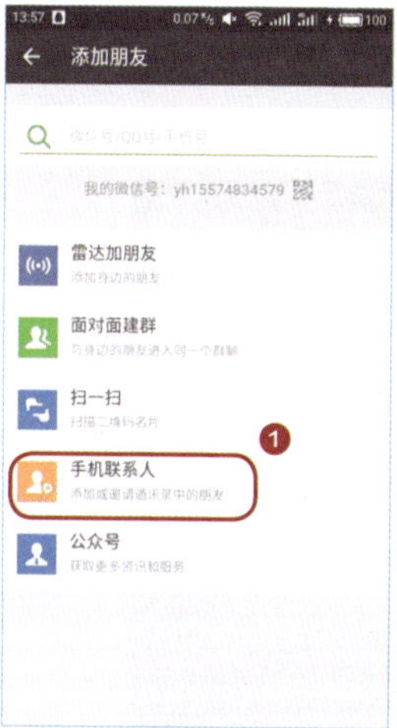

图 3-11 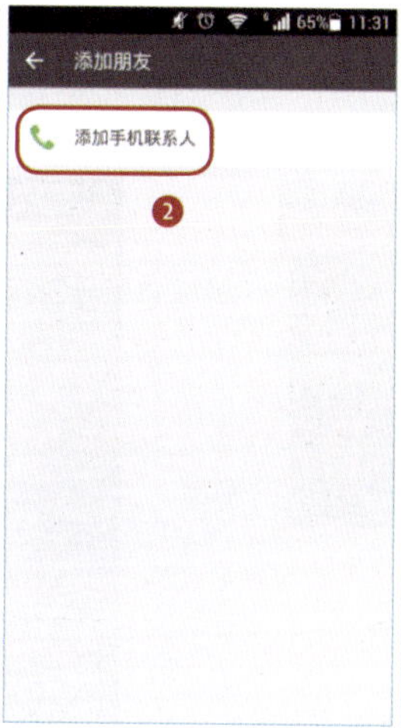　　　　　　　　图 3-12 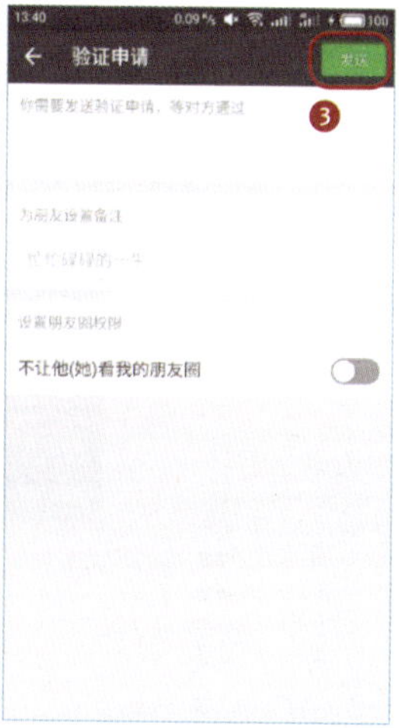　　　　　　　　图 3-13

⏺ 3.1.2　面对面，加友方法有多种

　　上面是两种远距离添加好友的方法，即我们要添加的好友不在我们身边。当要添加的好友在我们身边的时候，可以使用面对面添加好友的方法来添加微信好友。

扫描二维码添加好友

　　用二维码添加好友就是扫描对方的二维码，然后添加好友。当老同学聚会的时候，想要加老同学为微信好友，但是又不想逐个地输入微信号，也没有存手机号码，此时，就可以用到二维码了。每个微信用户都会有一个微信二维码，可以通过扫描这个二维码添加好友。以下是扫描二维码添加好友的具体操作步骤。

01　　①点击微信界面中的 ➕ 图标，②在弹出的菜单中点击"扫一扫"，如图3-14所示。

02 允许微信使用摄像头, 并将摄像头对准二维码, 即可添加对方为好友了, 如图3-15所示。

图 3-14

图 3-15

用雷达添加好友

要是觉得扫描二维码太麻烦, 还可以使用雷达添加好友。雷达加好友就是当两个或两个以上的好友聚在一起时, 直接通过手机雷达进行搜索, 一次将好友全部添加成功, 而不用逐个扫描二维码。用雷达添加好友的操作步骤如下。

01 ①点击微信界面中的 ➕ 图标。②在弹出的菜单中点击"添加朋友", 如图3-16所示。

02 ③点击"添加朋友"界面中的"雷达加朋友", 如图3-17所示。

03 此时, 雷达会自动扫描周围同时开启雷达的人, 如图3-18所示。

04 扫描成功后，会出现好友的头像和名字，④此时我们只要点击界面中的"加为好友"按钮即可添加好友了，如图3-19所示。

图 3-16 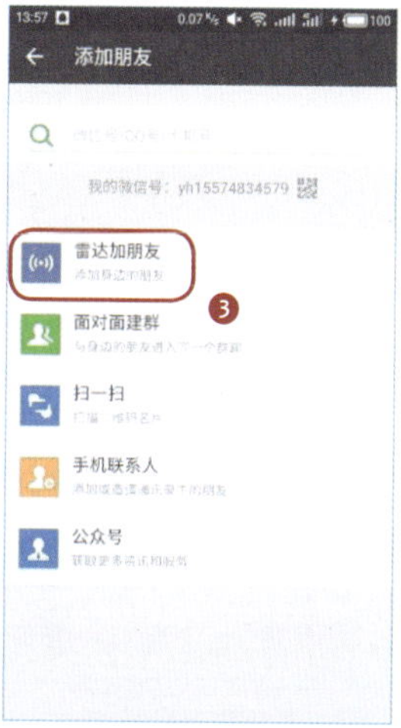　　　　　　　　图 3-17

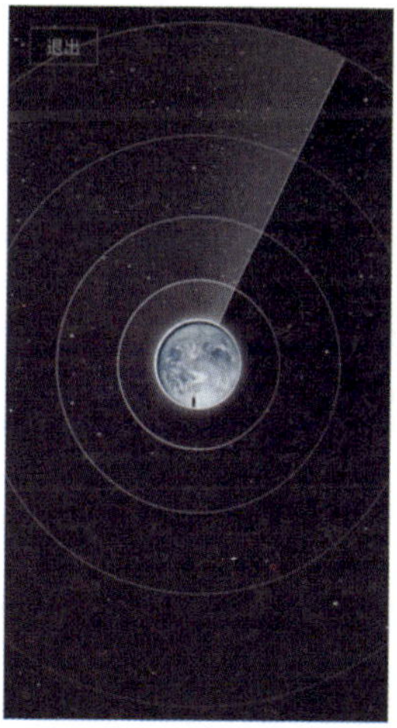

图 3-18　　　　　　　　图 3-19

◖ 3.1.3 建群聊，大家聊天多欢乐

群聊就是"群主"建立一个微信群，邀请多人在同一个群里聊天。当我们想要在微信上跟多个人同时聊天的时候，可以建立微信群，在微信群里发消息，群中的所有人都能同时看到。

发起群聊

发起群聊是建立微信群的一种常见方式。通过发起群聊，可以远距离将好友拉进同一个群里，这样就可以和家人、朋友一起聊天了。具体的操作步骤如下。

01 登录微信，①点击微信界面中的 **+** 图标，②在弹出的菜单中点击"发起群聊"，如图3-20所示。

02 点击想要加入微信群中的好友名称，③右侧方框就会出现一个√标志，④将要加入群聊的所有人选中后点击"确定"按钮，这个微信群就创建好了，如图3-21所示。

面对面建群

面对面建群是指当朋友聚会时，和朋友一起当面建群。这种方法是近距离建立微信群的方式，可以多人同时加群，不用逐个选择好友加群。具体的操作步骤如下。

01 登录微信，①点击微信界面中的 **+** 图标。②在出现的菜单中点击"添加朋友"，如图3-22所示。

02 ③在"添加朋友"界面中点击"面对面建群"，如图3-23所示。

03 在"面对面建群"界面中，④和身边的朋友输入同一组四位数字，就能进入群聊了，如图3-24所示。

图 3-20

图 3-21

图 3-22    图 3-23   图 3-24

上面都是作为"群主"建群的方法，还有一种方法是别人主动拉我们进群。在这种情况下要注意自己是否和微信群中的人认识，要注意保护好自己的隐私，不要随便泄露个人信息。

微信群加好友

当我们建立微信群之后，就可以在微信群中发文字、语音和图片了。如果在微信群中想要与某人单独聊天，也可以从微信群中添加对方为好友。以下是在微信群中添加好友的具体操作步骤。

01 ①点击微信群聊天界面右上角的 👥 图标，如图3-25所示。

02 ②打开"聊天信息"界面，找到并点击聊天对象的头像，如图3-26所示。

03 ③在该人的"详细资料"界面中点击"添加到通讯录"按钮，如图3-27所示。

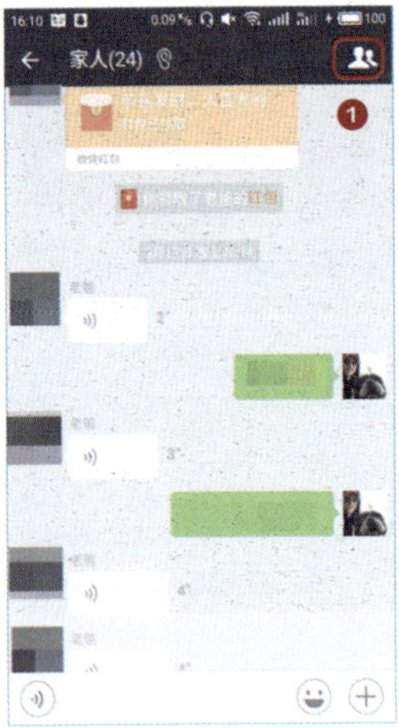

图 3-25 　　　　　图 3-26 　　　　　图 3-27

04　或者直接在聊天界面中点击聊天对象的头像，也会出现
其详细资料，然后点击"添加到通讯录"即可。

修改群昵称

群昵称是我们在微信群中的微信名字，如果对群昵称不
满意，可以在该微信群中修改。修改群昵称的具体操作步骤
如下。

01　①点击微信群聊天界面右上角的👥图标，进入聊天信息
界面，如图3-28所示。

02　将屏幕上拉，点击"我在本群的昵称"。

03　②在弹出的"我在本群的昵称"对话框中输入新的昵称，
点击确定，群昵称就修改完成了，如图3-29所示。

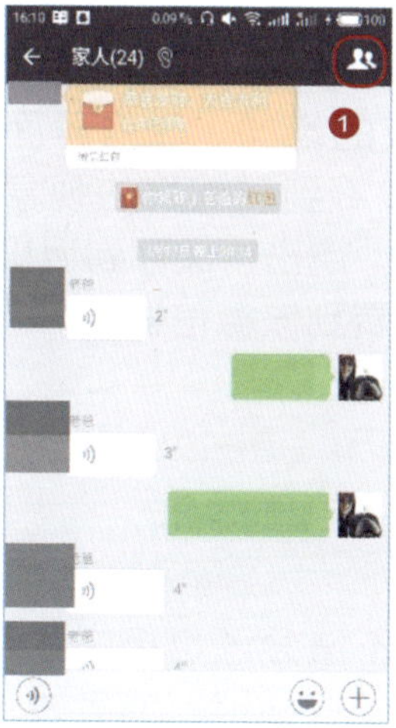

图 3-28 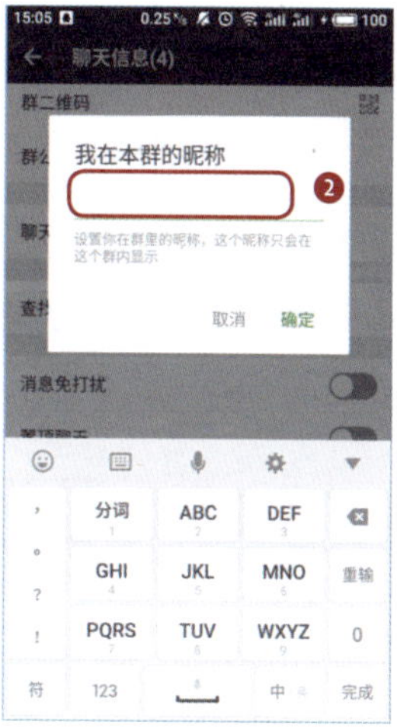　　　　　　　　图 3-29

退出微信群

若想退出该微信群，可点击群聊天界面右上角的👥图标，

将聊天信息画面向上滑到底部，点击"删除并退出"按钮即可，如图 3-31 所示。

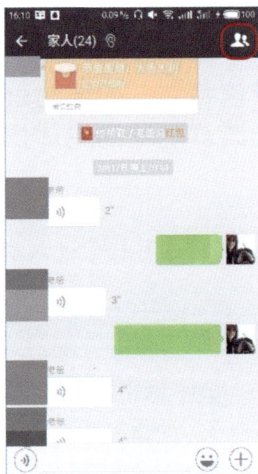

图 3-30

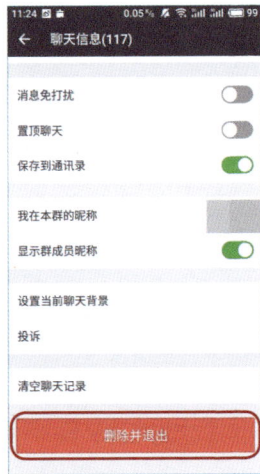

图 3-31

需要注意的是，随着微信好友的增加，微信界面会出现越来越多的聊天消息，经常出现找不到微信群的现象。如果想在微信界面中继续显示该微信群，点击"保存到通讯录"，当图标点亮后，即可在微信界面中看到该微信群了。

小提示：看仔细，添加好友防上当

随着微信的广泛使用，许多不法分子也将主意打到微信上来。他们往往通过冒充熟人骗取钱财，或者发送红包链接和二维码，盗取银行卡的账号和密码。此时，我们就要格外注意，自己是不是加了陌生人或者有没有泄露自己的个人信息。接下来将介绍几种不法分子常用的手段，我们要仔细甄别，提高警惕。

● 冒充熟人加好友

当有陌生人或自称是换了号码的朋友添加我们为好友时，因为我们不知道对方的真实身份，所以不要马上点击"接受"。遇到这种情况，我们可以点击对方的朋友圈，如果能看到对方是好友的照片，我们再同意添加对方为好友。除此之外，我们还可以打电话给朋友，确定是本人之后再添加好友。

● 冒充熟人骗取钱财

当我们用微信跟好友或子女聊天时，如果出现对方需要借钱或要钱的情况，不要马上把钱转给他，这有可能是不法分子盗取了亲朋好友的微信账号和密码，模仿熟人的语气来骗钱。这种方法是利用了人们对亲近的人不防备，又担心亲朋好友的心理。所以，当出现这种情况时，要先打电话与本人确认，确定是本人后再进行相应的操作。

● 发送"红包"

玩微信抢红包是微信聊天时经常做的事，但是不法分子也会给我们发送"红包"，当我们点开时，银行客服就会发来短信，提示银行卡里的钱被取走。所以，当我们抢红包时，一定要先确认是谁发来的红包，然后才能点开红包。

● 建立微信群

曾经有人在接受陌生人的好友申请之后，被拉入一个陌生的微信群，群里经常发送一些传销的言论，当想要退出微信群时手机却经常死机（手机卡住不能动），还被告知想要退群就要交钱。所以，当有陌生人想拉我们进群时，不要轻易进入。

3.2　朋友圈，精彩生活不停转　　⊕

朋友圈是微信用户所钟爱的一个功能，它能发表生活中的动态，与朋友们分享生活中的趣事；它也能让我们看到孩子们的生活状态，了解他们的所见所闻。朋友圈成为中老年朋友生活乐趣的一个来源，更有越来越多的中老年朋友成为朋友圈的忠实"粉丝"。

🔵 3.2.1　发状态，文字图片随心配

现在，发朋友圈已经成为人们记录生活的一种方式。通过朋友圈，我们可以随时随地地发布生活中的趣事，和老同学一起调侃当年的校园生活，和老朋友一起讨论当初的年少轻狂……朋友圈就像一本相册，记录着生活的点点滴滴，承载着美好的回忆。学会发布朋友圈，就可以将生活动态上传至朋友圈，让记忆定格！

发送文字

发送文字是指纯文字发送，不加任何图片。我们可以将所见所闻以文字的形式发布出去，分享给微信好友。同时，我们也可以设置发朋友圈的位置、谁可以看或不给谁看等，这些设置能让我们更好地与好友交流。具体的操作步骤如下。

01　登录微信，①在微信主界面中点击"发现"。②在"发现"界面中找到并点击"朋友圈"，如图3-32所示。

02　在出现的"朋友圈"界面中，③长按右上角的 ◉ 图标，如图3-33所示。

图 3-32　　　　　　　　图 3-33

03　④在界面中点击文本框，输入想要发表的内容，如图3-34所示。

04　输入内容后，⑤点击"所在位置"，可以设置发送朋友圈时的位置，如图3-35所示。

05　在打开的"所在位置"界面中，可以选择我们所在的位置，要是不想显示，⑥点击"不显示位置"即可，如图3-36所示。

06　在发送界面中，⑦点击"谁可以看"，如图3-37所示。

07　在"谁可以看"界面中，从"公开"、"秘密"、"部分可

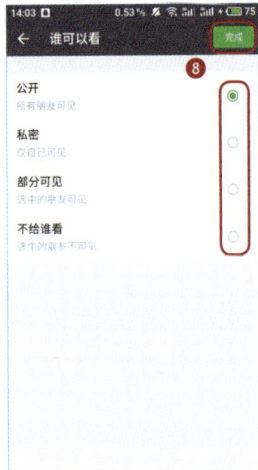

见"和"不给谁看"中选择我们要展示的人群，⑧然后点击"完成"按钮，就确定了谁可以看我们发的朋友圈，如图3-38所示。

图 3-34

图 3-35

图 3-36

图 3-37

图 3-38

08 在发送界面中，⑨点击"提醒谁看"，如图3-39所示。

09 在搜索框内输入提醒看朋友圈的人，⑩然后点击"确定"按钮，如图3-40所示。

图 3-39 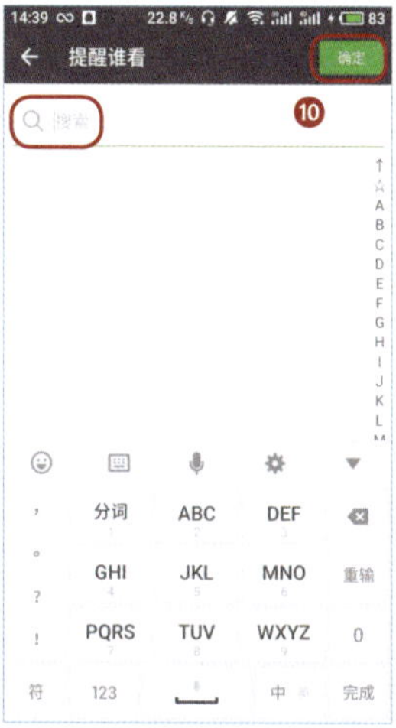   图 3-40

10 完成所有的设置后，⑪点击"发送"按钮，就可以发送朋友圈了，如图3-41所示。

11 朋友圈发送成功，如图3-42所示。

发送图片和文字

    朋友圈不止能发送文字，还可以将文字和图片搭配，一起发送。当图片和文字发送之后，好友可以在朋友圈中看到我们发的内容，也可以对我们所发的内容进行互动交流。发送图片和文字的具体操作步骤如下。

图 3-41

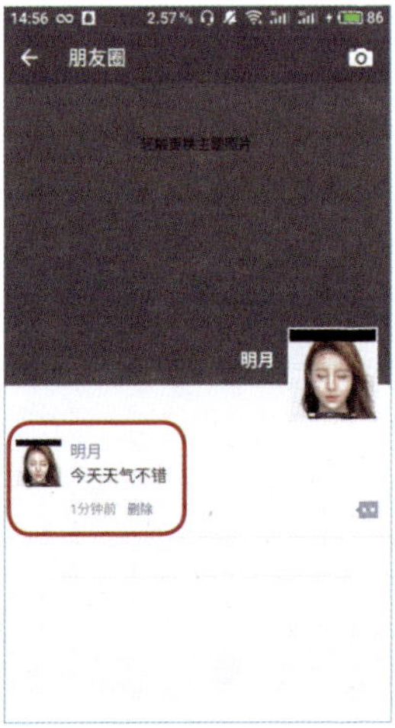

图 3-42

01　在朋友圈界面中，①点击头像，如图3-43所示。

02　在打开的界面中，②点击 📷 图标，如图3-44所示。

图 3-43

图 3-44

03 在弹出的菜单中，③选择"从相册选择"，如图3-45所示。

04 选择图片，注意最多只能选择9张图片。选好图片后，④点击"完成"按钮，如图3-46所示。

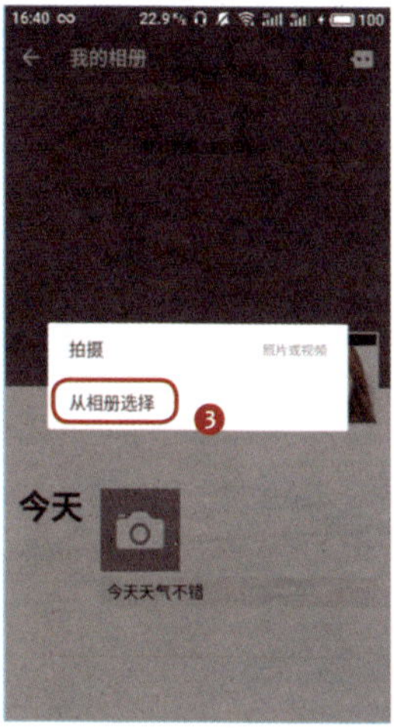

图 3-45 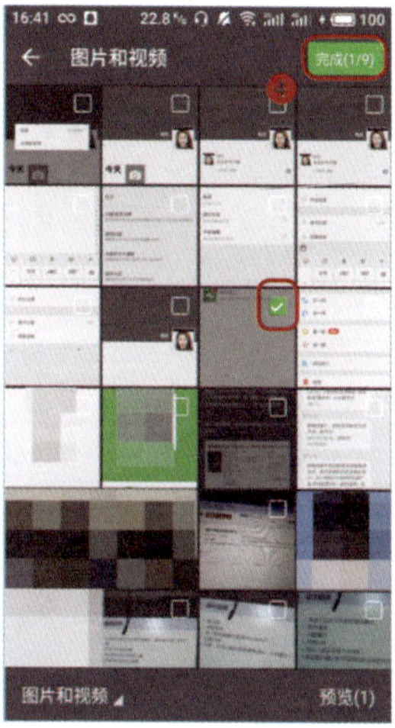　　　　　　　　　图 3-46

05 ⑤在弹出的界面中，输入要发送的文字信息，然后点击"发送"按钮，如图3-47所示。

06 朋友圈就发送成功了，如图3-48所示。

07 "所在位置"、"谁可以看"和"提醒谁看"的设置与发送文字的操作步骤相同。

08 如果相册中没有我们想要的照片，点击"拍摄"，就能现场拍照，然后将拍好的图片发布出去，如图3-49所示。

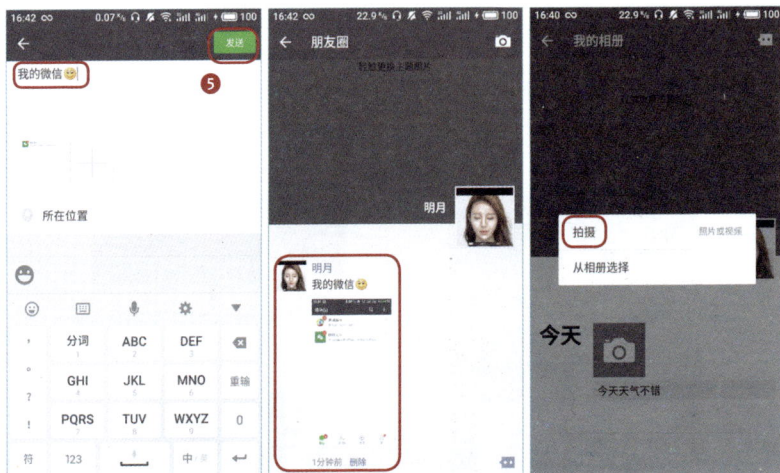

图 3-47　　　　　图 3-48　　　　　图 3-49

3.2.2　玩交流，点赞评论给好友

发布朋友圈之后，我们就能在朋友圈中点赞和评论了。在朋友圈看到好友分享的图片或文章时，我们会情不自禁地给对方点赞；在看到孩子分享的愉悦心情时，我们也能在朋友圈下留言。通过点赞和评论，将彼此的关系拉得更紧密。值得注意的是，只有共同好友才能看到评论和点赞。

点赞

点赞相当于口头用语中的"很好"。当有好友给我们点赞时，就意味着对方喜欢我们发朋友圈的内容；而我们给对方点赞，也代表着我们支持对方的观点。点赞的具体操作步骤如下。

01　登录微信，①在微信主界面中点击"发现"，②然后点击"朋友圈"，如图3-50所示。

02 在朋友圈界面找到好友发布的消息，③点击 ▨ 图标，如图3-51所示。

图 3-50

图 3-51

03 在弹出的菜单中，④点击 ♡赞 图标就点赞成功了，如图3-52所示。

04 点赞成功后，下方会显示点赞者的昵称，如图3-53所示。

点赞后我们也可以取消点赞，取消后，点赞标记消失，同时还可以重新进行点赞，具体的操作步骤如下。

01 找到点赞之后的朋友圈，①点击 ▨ 图标，如图3-54所示。

02 在弹出的菜单中，②点击 ♡赞 图标，如图3-55所示。

03 现在点赞就取消了，如图3-56所示。

图 3-52　　　　　　　　图 3-53

图 3-54　　　　　图 3-55　　　　　图 3-56

评论

除了点赞，还可以对朋友圈进行评论。通过评论，我们可以和好友一起讨论朋友圈的内容。因为只有共同好友才能看到评论，所以我们不用担心评论的内容会被无关的人看到。
评论的具体操作步骤如下。

01　打开朋友圈，找到朋友发送的消息，①点击 ▣ 图标，如
　　　图3-57所示。

02　在弹出的菜单中，②点击 ▣ 图标，如图3-58所示。

图 3-57 　　　　　　　　　图 3-58

03　③在弹出的文本框中输入想要评论的内容，如图3-59
　　　所示。

04　输入内容后，④点击"发送"按钮，如图3-60所示。

05　⑤评论成功，如图3-61所示。

图 3-59  　　　　　　图 3-60  　　　　　　图 3-61

　　与点赞相同，评论同样可以取消，取消之后该调评论不再显示，具体的操作步骤如下。

01 　评论之后，①按住这条评论不动，如图3-62所示。

02 　在弹出的菜单中，②点击"删除"，如图3-63所示。

03 　评论删除成功，如图3-64所示。

3.2.3　随手拍，图片视频新鲜送

　　朋友圈除了可以发送图片和文字，还可以发送视频。很多人想把在周围发生的事分享给朋友，而照片不能充分表达一件事的详情，此时，我们即可发送视频朋友圈。视频可以把一件事完整地记录下来，点击就能直接看，给使用微信不熟练的中老年朋友提供了很大的便利。

图 3-62 　　　　　　　图 3-63 　　　　　　　图 3-64

拍摄照片

拍摄照片是指在发朋友圈的时候，现场拍摄照片。拍完直接发布朋友圈，不用在相册中寻找图片。拍摄的具体操作步骤如下。

01　打开朋友圈，在"朋友圈"界面中，①点击右上角的 📷 图标，如图3-65所示。

02　在弹出的菜单中，②点击"拍摄"，如图3-66所示。

03　将摄像头对准我们要拍摄的事物，③点击中间的白色小圆圈，如图3-67所示。

04　照片拍摄完成，④点击 ✓ 图标，照片直接使用。如果我们对拍摄的照片不满意，⑤点击 ↻ 图标，重新拍摄照片，如图3-68所示。

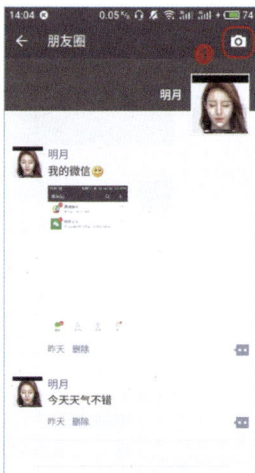

图 3-65

图 3-66

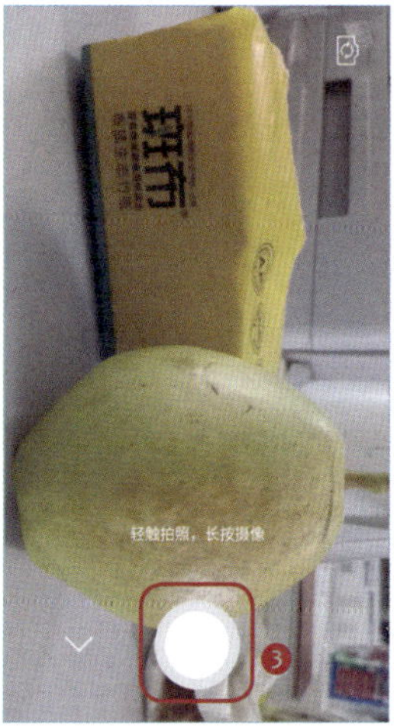

图 3-67

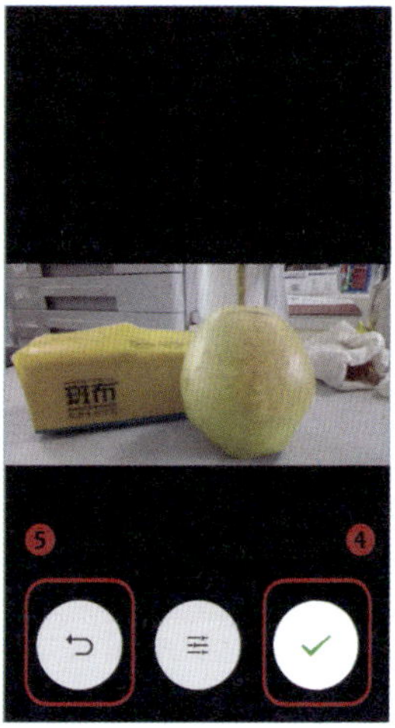

图 3-68

05　拍摄好图片后，输入要发布的文字内容，⑥点击"发送"
　　　按钮就可以发布朋友圈了，如图3-69所示。当然，只发
　　　送图片也是可以的。

06 朋友圈发布成功，如图3-70所示。

图 3-69　　　　　　　　　图 3-70

除了点击 📷 图标，点击头像也可以拍摄照片，具体的操作步骤如下。

01 在"朋友圈"界面中，①点击头像，如图3-71所示。

02 在"我的相册"界面中，②点击照相机图标 📷 ，如图3-72所示。

03 在弹出的菜单中，③点击"拍摄"，如图3-73所示。

04 之后的拍摄步骤与之前介绍的步骤相同。

拍摄视频

视频是一段连续运动的图像，可以将事情的过程和我们要表达的内容展现出来，而不用大量的文字去描述。因此，如果我们觉得打字太烦琐，拍摄视频也是一个不错的选择。具体的操作步骤如下。

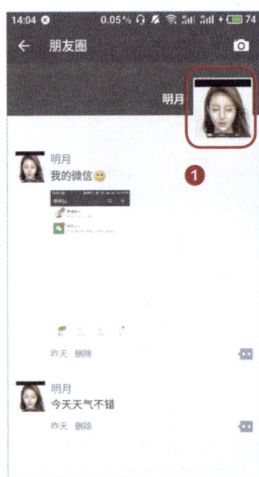

图 3-71　　　　　图 3-72　　　　　图 3-73

01 点击头像或右上角的照相机图标，①在弹出的菜单中点击"拍摄"，如图3-74所示。

02 将摄像头对准要拍摄的事物，②按住中间的白色小圆，拍摄结束后松开，如图3-75所示。

图 3-74　　　　　　　　　　图 3-75

03　录好视频之后，输入要发送的文字，③点击"发送"按钮，如图3-76所示。

04　视频发送成功，中间会有一个开始播放的按钮，点击即可播放，如图3-77所示。

图 3-76

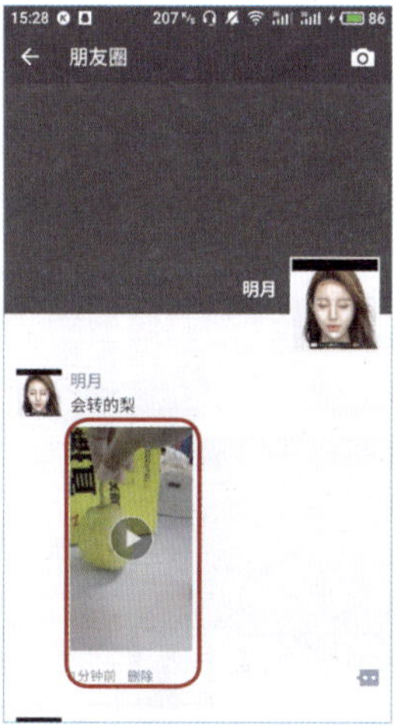

图 3-77

⬭ 3.2.4　轻松查，记录状态这里看

　　每当我们发送朋友圈之后，都会有好友点赞和评论，逐条地查看会花费我们大量的时间和精力，也让我们不能及时回复评论。因此，如果能够一次性查看所有的评论，就再也不用担心会漏看和不能及时回复了。下面，将介绍查看记录的方法。

查看朋友圈

　　在朋友圈中，可以一次性看到所有好友对我们的点赞和评论，具体的操作步骤如下。

01 打开朋友圈，在"朋友圈"界面中，①点击头像，如图3-78所示。

02 在"我的相册"界面中，②点击右上角的 ▨ 图标，如图3-79所示。

03 在"消息"界面即可查看我们以往发的朋友圈和好友的评论，如图3-80所示。

图 3-78 　　　　　图 3-79 　　　　　图 3-80

04 如果我们想删除这些评论，③点击"清空"，如图3-81所示。

05 在弹出的对话框中，④点击"确定"，如图3-82所示。

06 现在好友的评论就全部清空了，如图3-83所示。

图 3-81 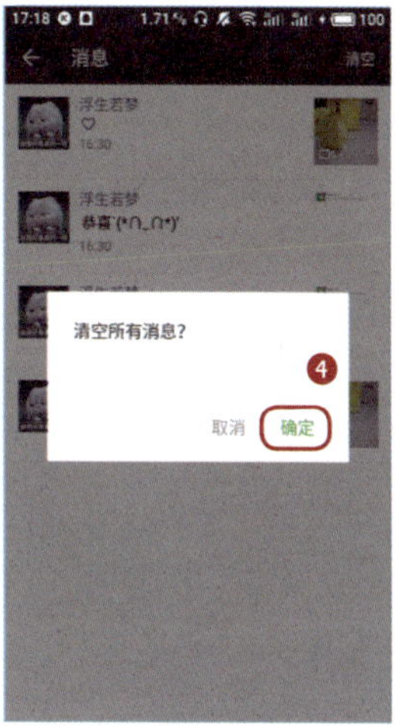 　　　　　　图 3-82 　　　　　　图 3-83

删除朋友圈

当我们发布朋友圈后，如果对发布的内容不满意，可以随时删除已经发布的朋友圈，具体的操作步骤如下。

01 打开朋友圈，在"朋友圈"界面中找到已发的消息，①然后点击"删除"，如图3-84所示。

02 在弹出的对话框中，②点击"删除"，如图3-85所示。

03 现在我们在朋友圈发的消息就删除了，如图3-86所示。

小提示：找不到，地址可以自定义

发朋友圈的时候，朋友圈可以把我们所在的位置显示出来。如果我们不想显示位置，除了选择"不显示位置"，还可以自定义位置的名称，具体的操作步骤如下。

图 3-84 　　　　　　　图 3-85 　　　　　　　图 3-86

01 打开微信，①在微信主界面中点击"发现"，②然后点击"朋友圈"，如图3-87所示。

02 在打开的"朋友圈"界面中，③按住右上角的 图标，如图3-88所示。

03 在打开的界面中，④点击"所在位置"，如图3-89所示。

04 ⑤点击右上角的搜索图标 ，如图3-90所示。

05 ⑥在界面的搜索框内输入地址，⑦然后在下方出现的结果中选择地址，如图3-91所示。

06 现在自定义位置就设置好了，如图3-92所示。

图 3-87　　　　　　　　图 3-88　　　　　　　　图 3-89

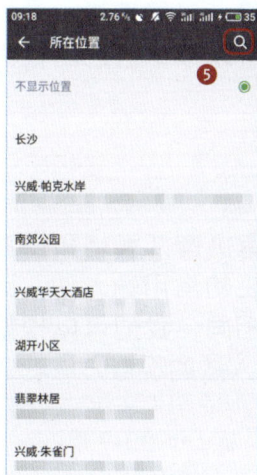

图 3-90　　　　　　　　图 3-91　　　　　　　　图 3-92

3.3 来闲聊，丰富方式任你选 ➕

　　微信现在已经成为人们生活中最常用的交流工具，它在很多时候代替了短信，为我们节省了通信费用。中老年朋友可以通过微信与在外地工作的孩子视频聊天、与多年未见的好友语音通话、与当年的老同学分享身边的趣事……微信在人们的生活中变得不可或缺。

3.3.1 发文字，拼音手写都可以

　　在给微信好友发消息的时候，经常需要打字。每个人的打字习惯不同，所用的输入法也会不一样。一般来说，常规的输入法包括拼音、五笔和手写，我们可以根据自己的喜好和习惯自行选择。

拼音输入法

　　拼音输入法是最基本的输入方式，有拼音九宫格和拼音全键盘两种形式。拼音九宫格是键盘手机的常用输入法，比较容易上手；拼音全键盘与计算机键盘相同，我们可以根据自己的习惯和喜好选择。先来看看拼音输入法的设置方法吧。

01　　打开与好友的聊天界面，①点击文本框，如图3-93所示。

02　　②点击 ⌨ 图标，③在弹出的对话框中点击"拼音九宫格"，如图3-94所示。

03　　此时，键盘就变成拼音九宫格的形式了，如图3-95所示。

04　输入想发送的消息，④点击"发送"按钮就可以发消息了，
如图3-96所示。

图 3-93　　　　　　　　　　图 3-94

图 3-95　　　　　　　　　　图 3-96

拼音全键盘输入与计算机键盘的输入方法相似。在手机屏幕上，拼音全键盘会显得比较小，对于中老年朋友来说，看起来会比较费力，所以建议使用拼音九宫格输入方式。下面，来看看拼音全键盘的使用方法。

01 在与好友的聊天界面中，①点击🔲图标，②然后点击"拼音全键盘"，如图3-97所示。

02 此时，键盘就变成拼音全键盘的形式，如图3-98所示。

03 输入想发送的消息，③点击"发送"按钮就可以发消息了，如图3-99所示。

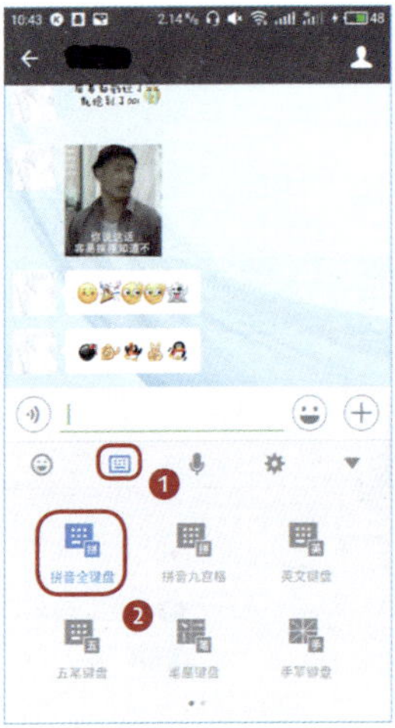

图 3-97 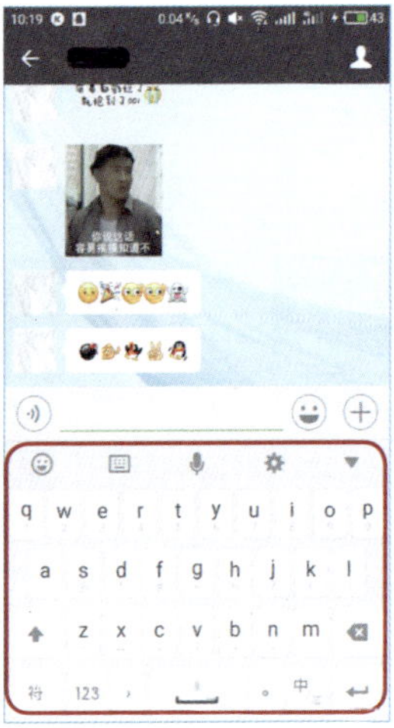　　　　　图 3-98 　　　　　图 3-99

五笔输入法

以前人们输入文字大多使用五笔输入法，所以到现在五笔输入法还是一种比较常用的输入法，五笔输入法又分五笔键盘和笔画键盘两种。掌握了五笔输入法之后能极大地提高文字输入的速度，不像拼音输入法那样会出现同音字。五笔键盘和计算机键盘一样，只是需要记牢每个字母所代表的字根，具体的操作步骤如下。

01　在与好友的聊天界面中，①点击▦图标，②然后点击"五笔键盘"，如图3-100所示。

02　此时手机键盘变成五笔键盘，要按照五笔输入法的规则来输入文字，如图3-101所示。

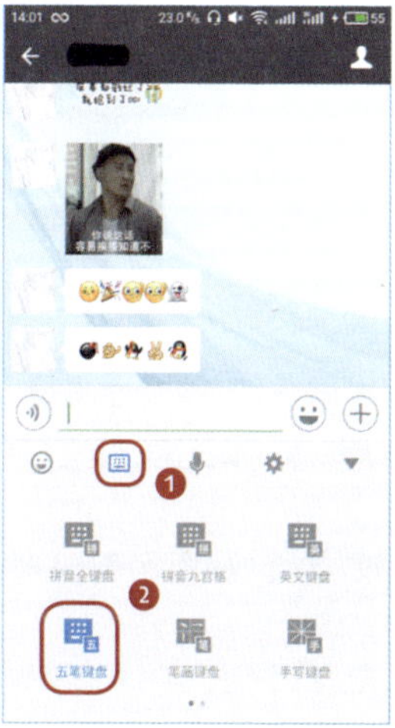

图 3-100

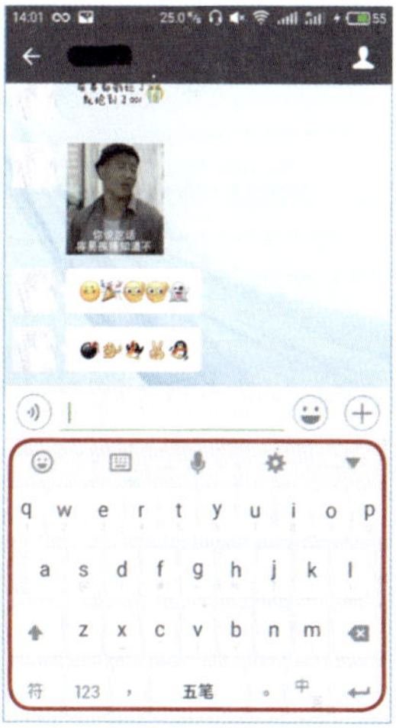

图 3-101

　　用五笔键盘输入文字需要记字根，而笔画键盘就比较方便了，只要知道怎么写就可以将字打出来。笔画键盘的设置步骤如下。

01　①点击▦图标，②然后点击"笔画键盘"，如图3-102所示。

02　此时，手机键盘变成笔画键盘，如图3-103所示。

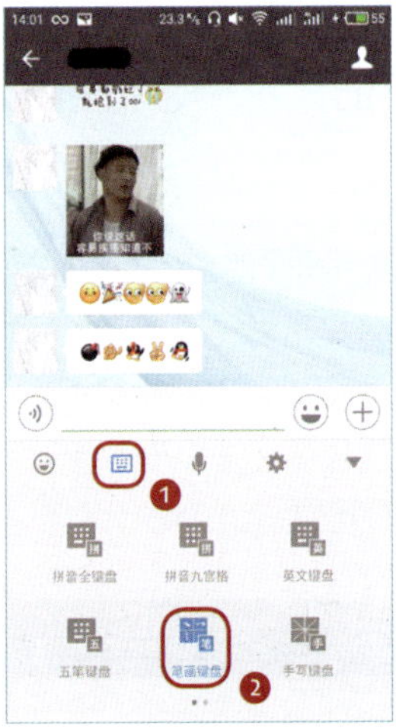

图 3-102 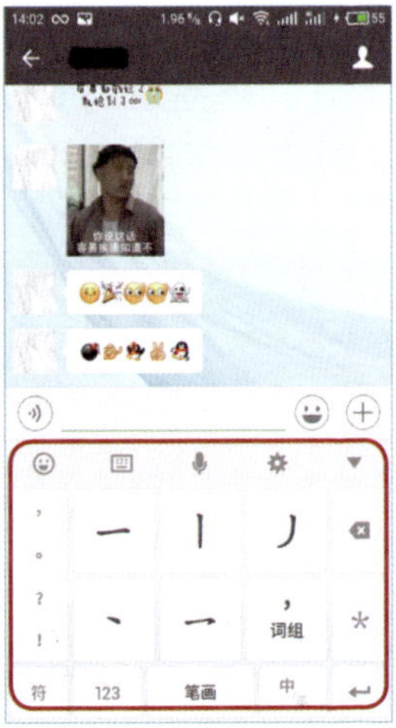   图 3-103

手写输入法

手写输入法可以用手指在手机屏幕上写字，不用打字但要记得字怎么写，方便我们快速输入消息，具体的操作步骤如下。

01   ①点击 ▦ 图标，②点击"手写键盘"，如图3-104所示。

02   出现手写-半屏界面，此时只能在红色方框内写字，如图3-105所示。

03   如果觉得写字区域太小，可以点击"半屏"按钮，此时就是全屏了，书写范围会变成整个手机屏幕，如图3-106所示。

◐ 3.3.2   发语音，学会操作不手滑

在发消息时，无论是用拼音、五笔还是手写输入，都需

要较长时间，过程烦琐，速度也慢，此时我们可以发送语音。通过发送语音，不仅可以听到对方的声音，也大幅减少了发送消息所用的时间。

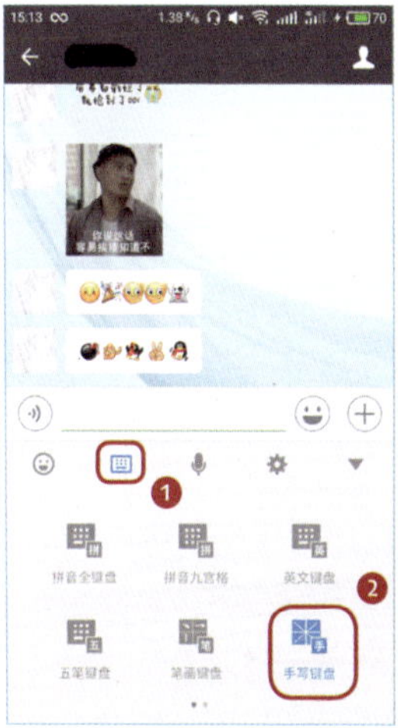

图 3-104 　　　　　　图 3-105 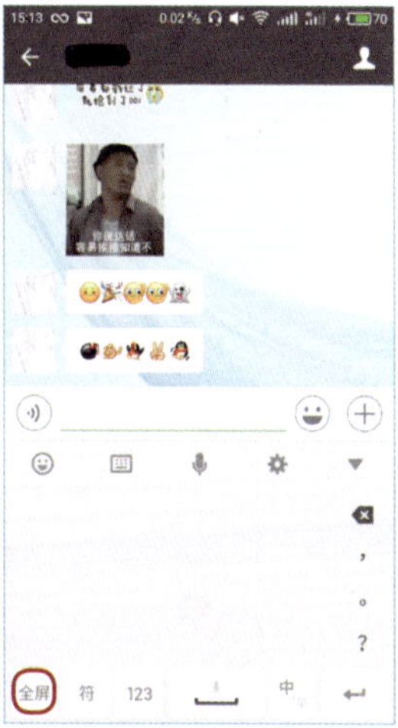　　　　　　图 3-106

发送语音

语音是将我们的声音录下来并发送过去，当对方点击语音时，就可以听到我们说的话了，具体的操作步骤如下。

01 打开与好友聊天的界面，①点击左下角的语音输入图标 ，如图3-107所示。

02 ②在出现的界面中长按"按住说话"按钮，如图3-108所示。

03 按住后会出现一个话筒的图标，此时就可以开始说话了。在说话没有结束的时候，手指不能松开，如图3-109所示。

04 说话结束后手指松开，语音就会发送出去，单次语音消息最长为1分钟，如图3-110所示。

图 3-107　　　　　　　　　　图 3-108

图 3-109　　　　　　　　　　图 3-110

取消发送

在录音的过程中，如果不想发送这条语音消息了，只要将手指上滑，即可放弃这条语音的发送，具体的操作步骤如下。

01　在录音的过程中手指向上滑动，这条语音就会取消发送，如图3-111所示。

02　取消发送成功，如图3-112所示。

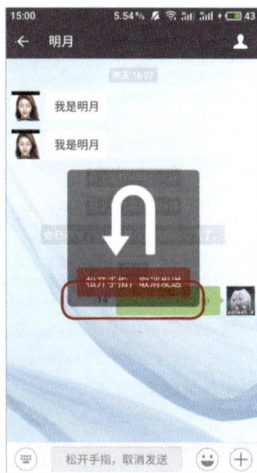

图 3-111　　　　　　　图 3-112

语音转换文字

语音消息不能转发，如果想将语音消息转发给别人，可以先将语音转化为文字，然后再转发就可以了，具体的操作步骤如下。

01　①按住相应的语音消息，如图3-113所示。

02　在弹出的菜单中，②点击"转换为文字（仅普通话）"，如图3-114所示。

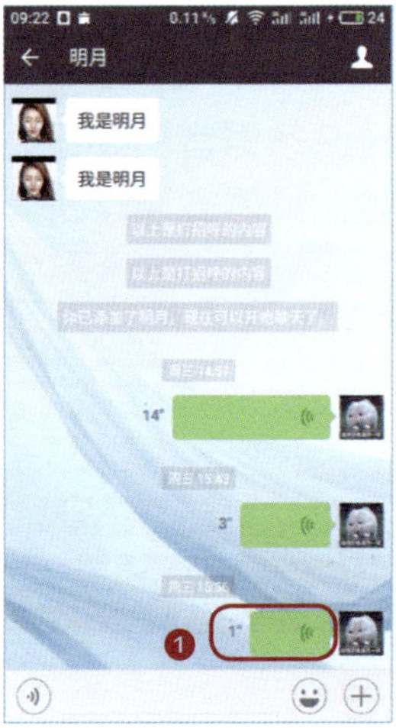

图 3-113 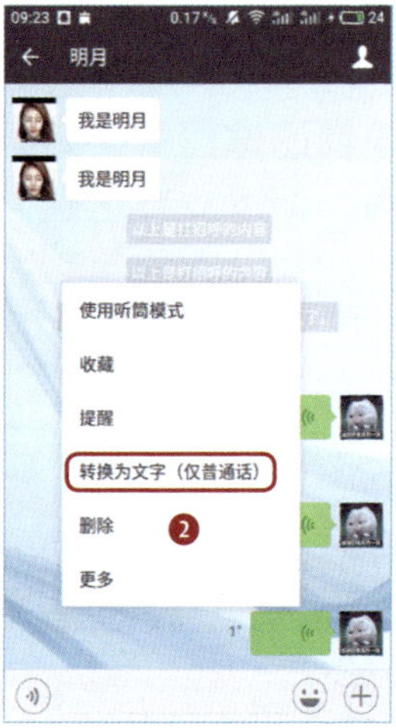　　　　　　　图 3-114

03　③长按转换后的文字，如图3-115所示。

04　④在弹出的菜单中，选择"发送给朋友"，然后选择发送的对象就可以了，如图3-116所示。

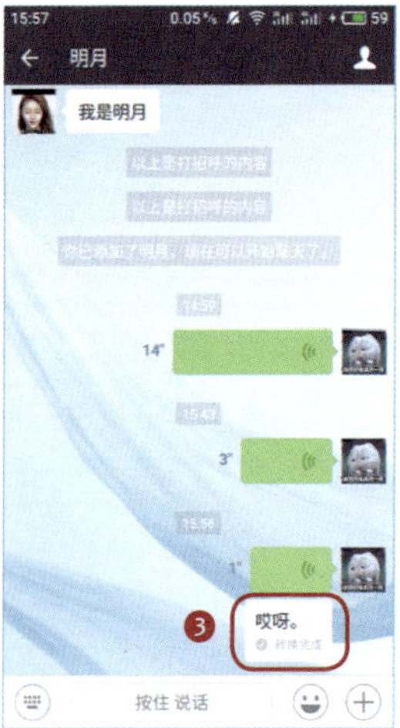

图 3-115 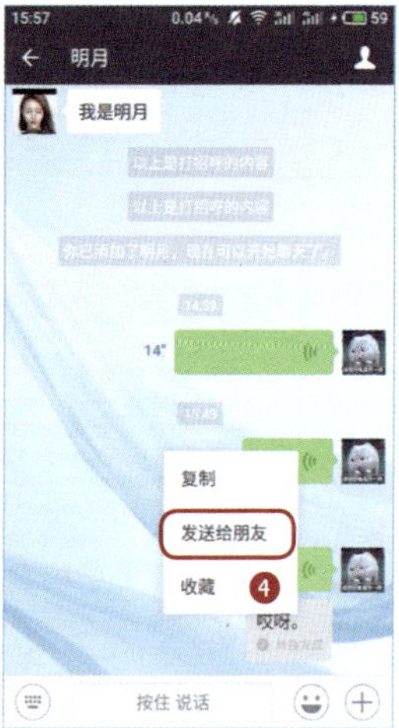　　　　　　　图 3-116

播放语音

别人发过来的语音该怎么听呢？我们收到的语音都会带有一个小红点，如果没有小红点，则代表该条语音已经播放过，有小红点的则表示还未播放，如图 3-117 所示。当点击语音时，可以连续播放。

转换听筒模式

语音播放可以通过听筒和扬声器两种方式。当播放语音时，在人多或者嘈杂的场合就需要将收听模式改为听筒模式，具体的操作步骤如下。

01 打开与好友的聊天界面，长按对方发来的语音，①在弹出的菜单中点击"使用听筒模式"，如图3-118所示。

02 转换成功后，②界面上方会出现 🎧 图标，这就表明已经处于听筒模式了，如图3-119所示。

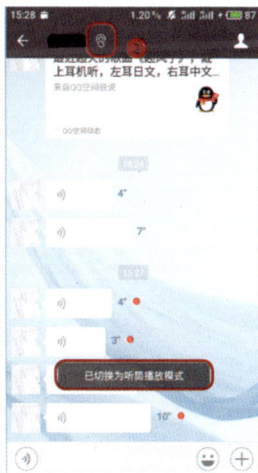

图 3-117　　　　图 3-118　　　　图 3-119

除了这种方式，在微信设置中也可以转换听筒模式，具体的操作步骤如下。

01 ①在微信主界面中点击"我"，②然后点击"设置"，如图3-120所示。

02 ③在"设置"界面中点击"聊天"，如图3-121所示。

03 ④点击"使用听筒播放语音"右侧的开关按钮，听筒模式就打开了，如图3-122所示。

图 3-120 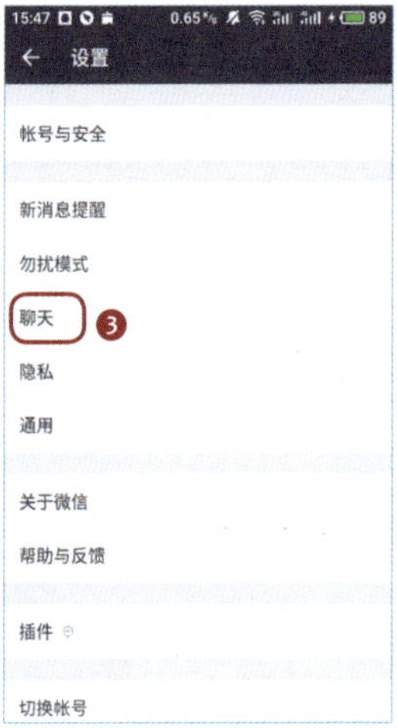　　　　图 3-121 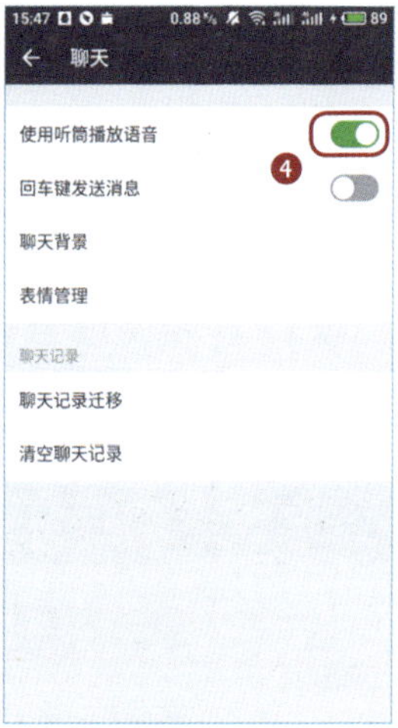　　　　图 3-122

转换扬声器模式

在人多的场合需要将收听模式转换为听筒模式，但在独处的情况下，扬声器模式可以让我们听得更清楚，以下是转换扬声器模式的具体操作步骤。

01 打开与好友的聊天界面，长按对方发来的语音，在弹出的菜单中点击"使用扬声器模式"，如图3-123所示。

02 扬声器模式切换成功，此时界面上方的 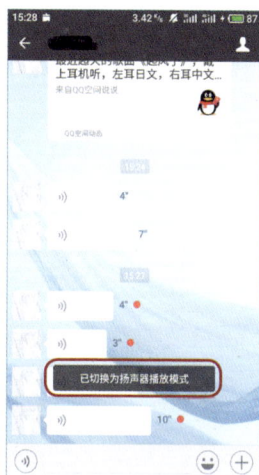 图标消失，如图3-124所示。

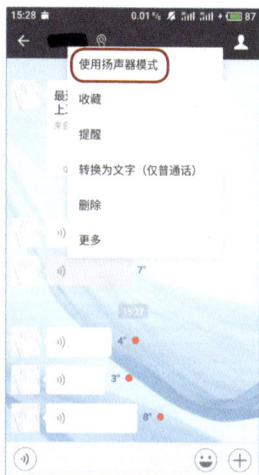

图 3-123

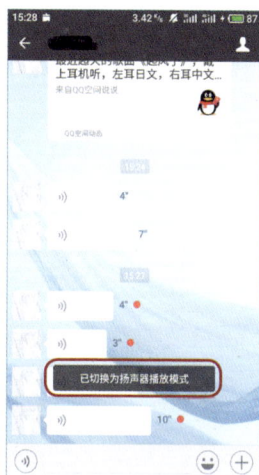

图 3-124

3.3.3　实时聊，语音视频更有趣

　　想要和多年未见的老朋友见面，但是对方居住的地方又距离很远，想要过去碰面，又因为种种原因不能成行。在这种情况下，我们可以通过微信和朋友视频聊天，不出家门也可以"现场"见面。

视频通话

　　视频通话是指通过微信和好友"面对面"聊天。通过视频通话，我们可以"远距离"看到对方的生活状态，与好友畅所欲言，从此，距离不再是问题。视频通话的具体操作步骤如下。

01　打开与好友的聊天界面，①点击右下角的 ⊕ 图标，如图 3-125所示。

02　在弹出的界面中，②点击"视频通话"，如图3-126所示。

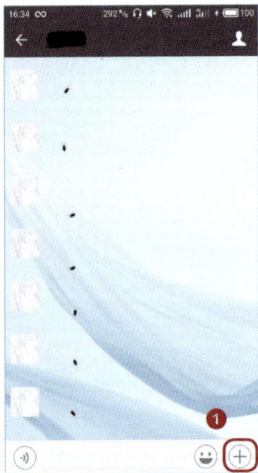

图 3-125　　　　　　　　图 3-126

03　在弹出的菜单中，③点击"视频通话"，如图3-127所示。

04　等待对方接受邀请即可看到对方了，如图3-128所示。

语音通话

　　除了视频通话，我们还可以选择语音通话。语音通话就像打电话一样，但是语音通话只需要网络，不用交话费。语音通话的具体操作步骤如下。

01　在弹出的菜单中，点击"语音通话"，如图3-129所示。

图 3-127

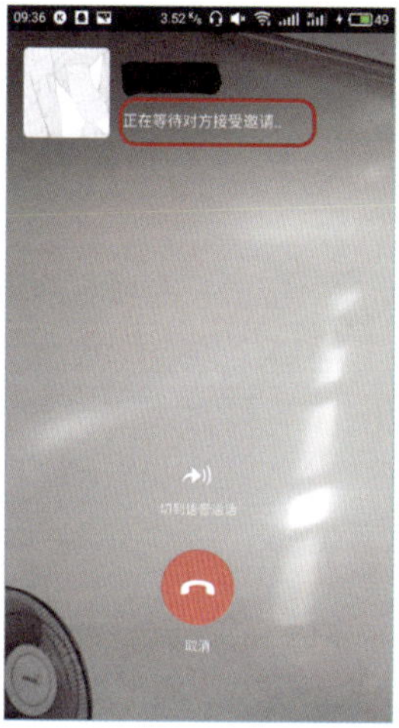

图 3-128

02 等待对方接受邀请即可进行语言通话了，如图3-130 所示。

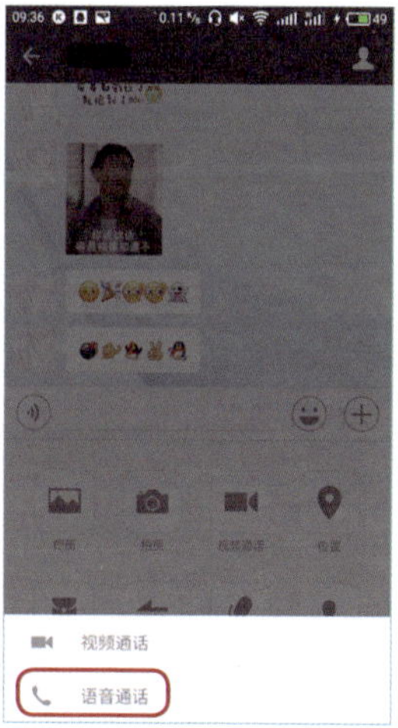

图 3-129

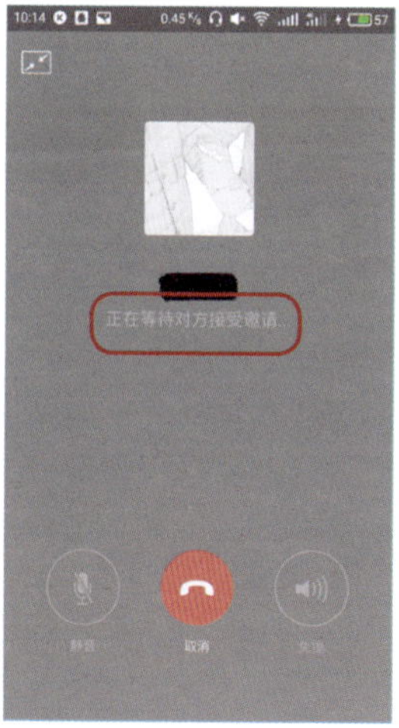

图 3-130

🔘 3.3.4　玩共享，这些功能也要学

除了朋友圈、视频通话、语言通话等功能可以和好友共同分享快乐，微信还可以分享照片、位置、名片、文件等。这些功能促进了我们和好友的交流，也增添了玩微信的乐趣。通过这些功能，我们和微信好友可以各自分享自己的所见所闻，让距离不再是问题！

发送图片

发送图片是指，将自己手机相册中的照片发送给好友。通过发送图片，可以将生活中的照片分享给好友。具体的操作步骤如下。

01　打开与好友的聊天界面，①点击右下角的 ⊕ 图标，如图3-131所示。

02　在弹出的界面中，②点击"相册"，如图3-132所示。

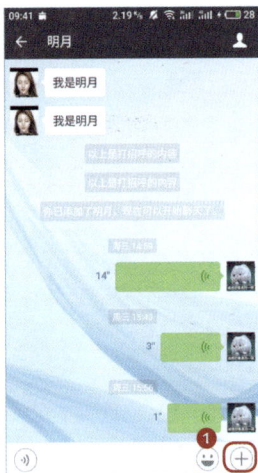

图 3-131

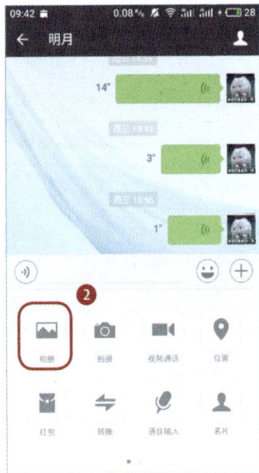

图 3-132

03 在"图片和视频"界面中,③点击图片右上角的小方框将其选中,一次最多只能选9张图片。④图片选好之后,记得点击"原图",这是为了保证发送的图片清晰可见。⑤点击"发送"按钮即可发送图片,如图3-133所示。

04 图片发送成功,如图3-134所示。

 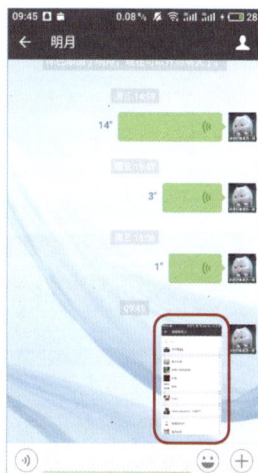

图 3–133　　　　　　　　　图 3–134

现场拍摄

如果相册中没有我们想要的照片,也可以进行现场拍摄,现场拍摄的具体操作步骤如下。

01 打开与好友的聊天界面,①点击右下角的 ⊕ 图标,如图3-135所示。

02 ②在弹出的界面中点击"拍摄",如图3-136所示。

03 将摄像头对准要拍摄的事物,③点击中间的白色小圆圈,如图3-137所示。

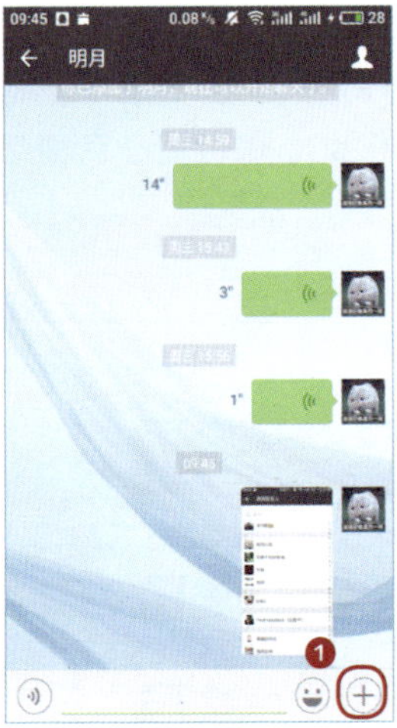

图 3-135 　　　　　　图 3-136 　　　　　　图 3-137

04　④拍摄图片后点击 图标，直接发送图片。如果对拍摄的图片不满意，⑤点击图标 重新拍摄，如图3-138所示。

05　图片发送成功，如图3-139所示。

图 3-138

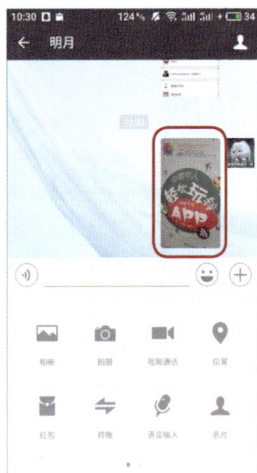

图 3-139

发送位置

发送位置是把自己所在的位置发送给好友，让好友知道自己的位置。将位置分享给好友之后，对方能够根据所给的位置快速找到你，具体的操作步骤如下。

01 打开与好友的聊天界面，①点击右下角的 ⊕ 图标，如图 3-140所示。

02 在弹出的界面中，②点击"位置"，如图3-141所示。

03 在弹出的菜单中③点击"发送位置"，如图3-142所示。

图 3-140 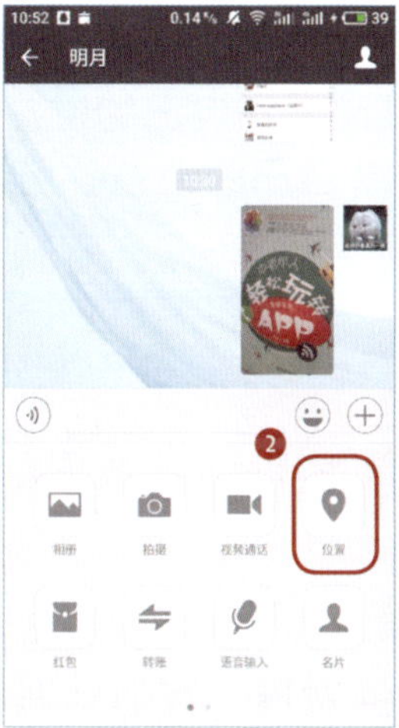　　　　　　　图 3-141 　　　　　　　图 3-142

04 在打开的界面中，一般都自动定位，④只要点击"发送"按钮即可，如图3-143所示。

05 位置发送成功，如图3-144所示。

图 3-143 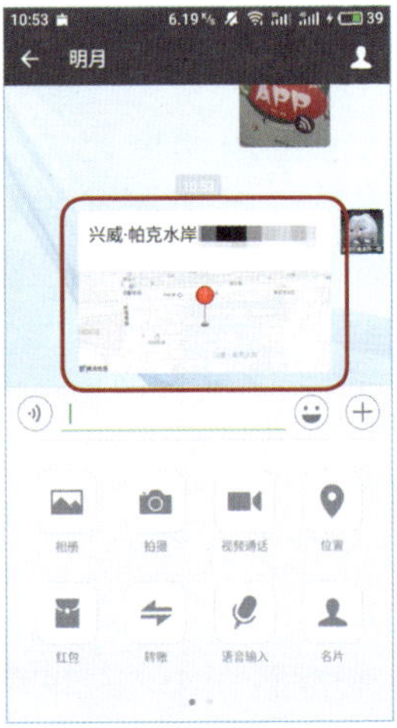　　　　　　　　图 3-144

"发送位置"只能够发送自己的位置，而"共享实时位置"则是几个好友一起分享自己的位置，可以同时看到所有好友的位置，具体的操作步骤如下。

01 在弹出的菜单中，点击"共享实时位置"，如图3-145所示。

02 等待好友加入即可进行位置共享了，如图3-146所示。

发送名片

随着互联网的快速发展，我们结识新朋友时，通常发的是电子名片，而不是传统的纸质名片。微信也有名片，名片可以让我们认识更多的新朋友，也可以把新朋友介绍给老朋友。下面，一起来看看具体的操作步骤吧。

图 3-145

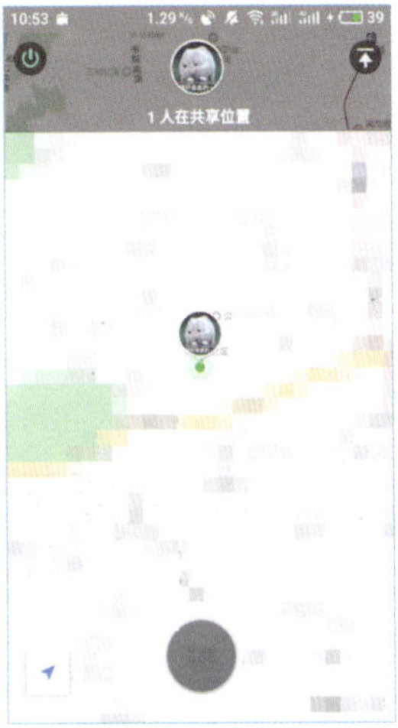

图 3-146

01　打开与好友的聊天界面，①点击右下角的 ⊕ 图标，如图 3-147 所示。

02　在弹出的界面中，②点击"名片"，如图 3-148 所示。

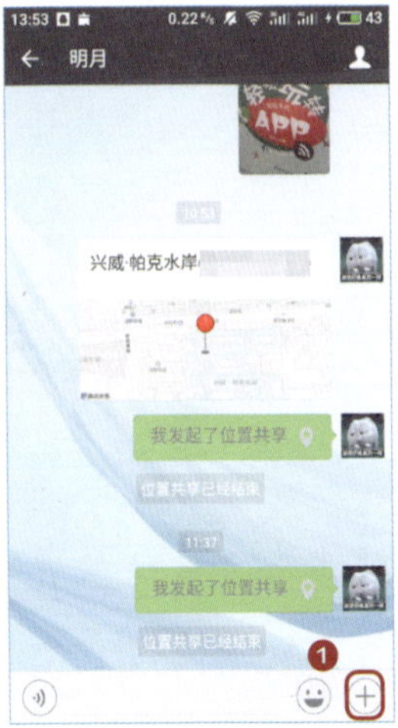

图 3-147

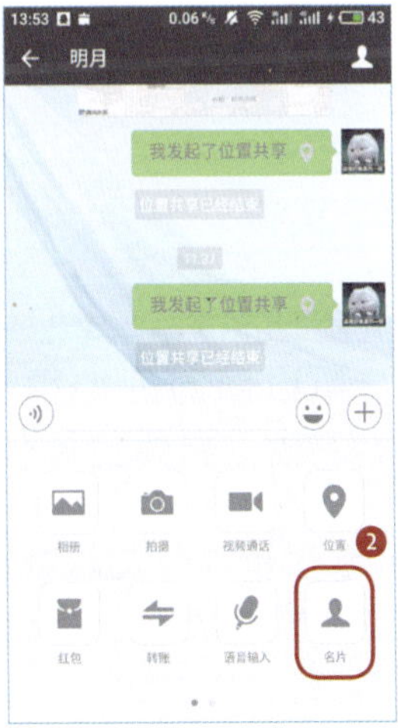

图 3-148

03 　在打开的界面中，③选择要发送名片的"主人"，如图
　　　3-149所示。

04 　在弹出的对话框中，④点击"发送"，如图3-150所示。

05 　名片发送成功，对方只要点击名片就能添加该好友，如
　　　图3-151所示。

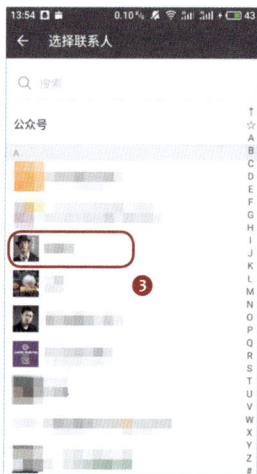

图 3-149　　　　　　　　图 3-150　　　　　　　　图 3-151

发送文件

　　除了发送名片，我们还可以分享文件给好友。用微信分
享文件，可以随时随地用手机查看分享的文件，而不需要在
计算机上下载，具体的操作步骤如下。

01 　①打开与好友的聊天界面，点击右下角的 ⊕ 图标，如图
　　　3-152所示。

02 　弹出的界面下方有两个小圆点，说明弹出的界面有两

页。向左滑动界面，出现第二页，如图3-153所示。

03 在出现的界面中，②点击"文件"，如图3-154所示。

图 3–152　　　　　　　图 3–153　　　　　　　图 3–154

04 在打开的界面中，选择要发送的文件，③然后点击"发送"按钮，如图3-155所示。

05 在弹出的对话框中，④点击"确定"按钮，如图3-156所示。

06 文件发送成功，对方点击即可查看，如图3-157所示。

我的收藏

　　"我的收藏"是指微信中自己收藏的图片、文件、链接、公众号等。将自己感兴趣的内容收藏之后，可以快速找到并且查看，通过微信我们还可以将收藏的内容分享给好友，具体的操作步骤如下。

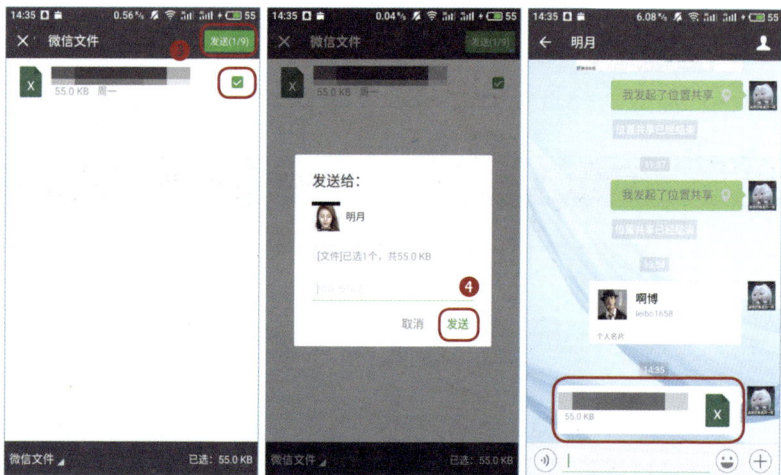

图 3-155　　　　　　图 3-156　　　　　　图 3-157

01 打开与好友的聊天界面，①点击右下角的 ⊕ 图标，如图 3-158所示。

02 在弹出的界面中向左滑动，如图3-159所示。

图 3-158　　　　　　　　　　　图 3-159

03 在出现的界面中，②点击"我的收藏"，如图3-160所示。

04 在打开的界面中，③选择要发送的收藏内容，如图3-161所示。

图 3-160

图 3-161

05 在弹出的对话框中，④点击"发送"，如图3-162所示。

06 收藏发送成功，如图3-163所示。

小提示：添表情，搜索保存很简单

越来越多的人喜欢用表情"说话"，通过表情将我们要表达的情绪表现出来，是微信交流的形式。在这种情况下，各色各样的表情包应运而生。下面，来看看表情包的具体操作方法吧。

图 3–162

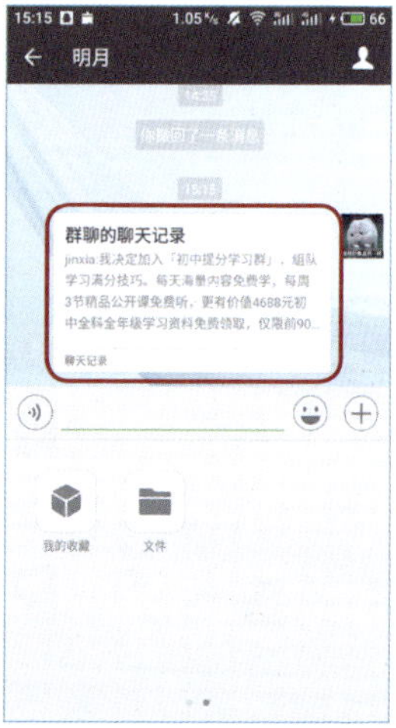

图 3–163

● **关键词搜索表情包**

　　我们可以通过关键词来搜索和下载表情包。这种搜索方式可以准确地找到我们想要的表情包，省时省力，具体的操作步骤如下。

01 打开与好友的聊天界面，①点击下方的 😊 图标，如图3-164所示。

02 在弹出的界面中，②点击左下角的 ＋ 图标，如图3-165所示。

03 在"表情商店"界面中，③点击右上角的 🔍 图标，如图3-166所示。

04 ④在搜索框内输入想要得到的表情包的关键词，⑤点击"搜索"按钮，如图3-167所示。

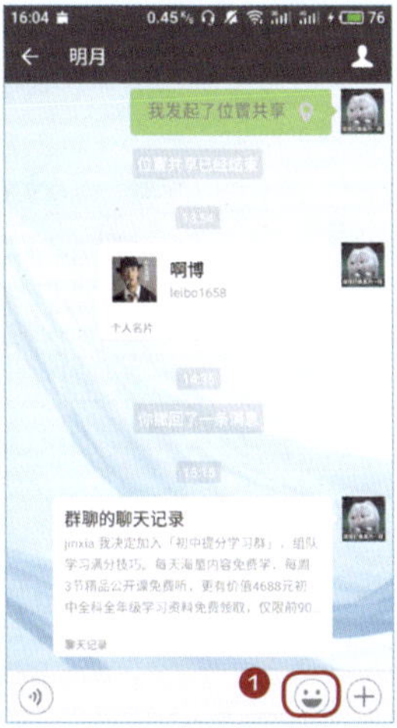

图 3-164 　　　　　　　　　　图 3-165

图 3-166　　　　　　　　　　图 3-167

05　⑥在搜索结果中选择喜欢的表情包，如图3-168所示。

06 在相应的界面中，⑦点击"下载"按钮，如图3-169所示。

07 下载完成后，即可在底部看到下载的表情包了，如图3-170所示。

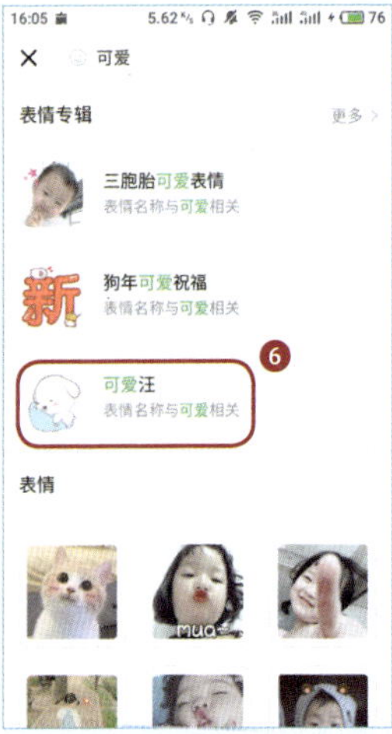

图 3-168 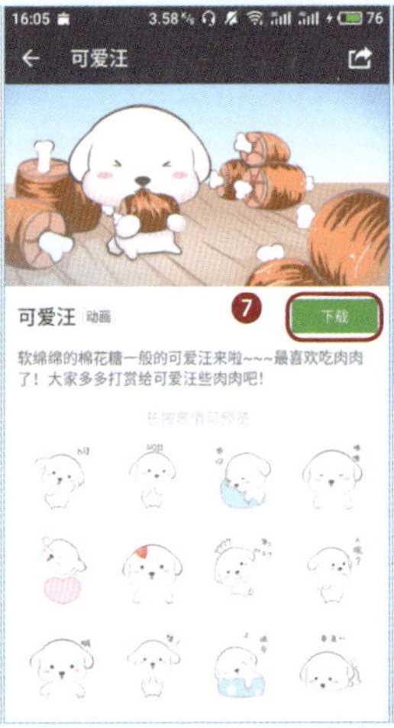　　　　　　图 3-169 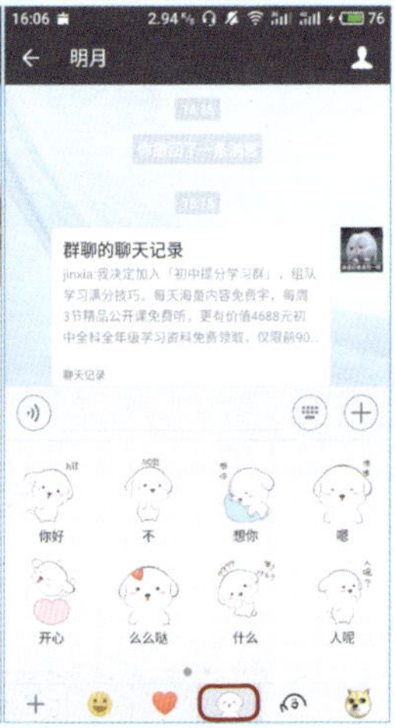　　　　　　图 3-170

● **保存表情**

表情包多种多样，当好友发来我们没有的表情包时，可以保存这个表情包，收为己用，具体的操作步骤如下。

01 打开与好友的聊天界面，①长按好友发的表情包，如图3-171所示。

02 ②在弹出的菜单中点击"添加表情"，如图3-172所示。

03 此时，表情包就保存成功，如图3-173所示。

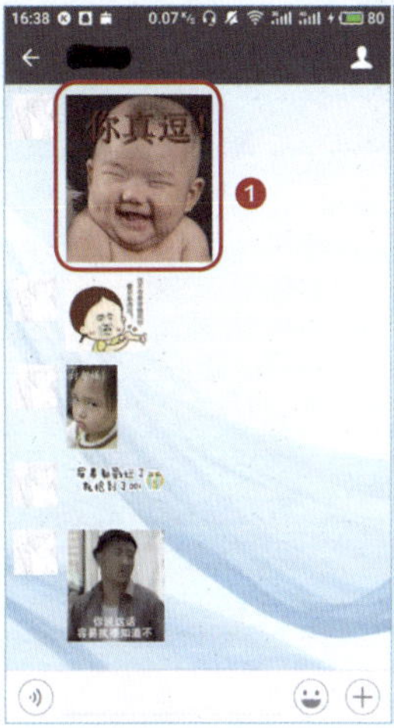

图 3-171 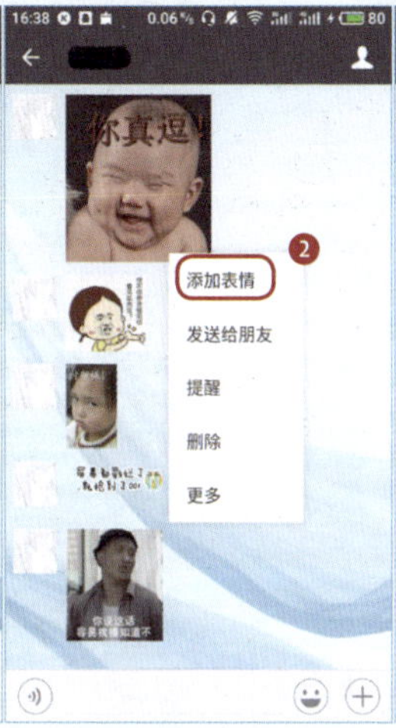　　　　　　　图 3-172 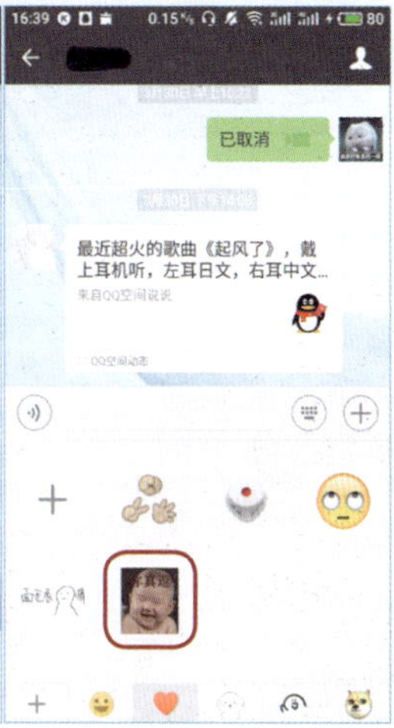　　　　　　　图 3-173

第 4 章

会娱乐，闲暇生活不无聊

📅 内容摘要
_____

微休闲，小程序里欢乐多
_____

微互动，花样百出玩不停
_____

微剪辑，图片视频加效果
_____

滑动解锁

⌄

📷

越来越多的中老年朋友在闲暇时间开始使用微信进行娱乐，在小程序中看视频、玩游戏，在公众号中学习各种各样的新知识，用手机剪辑出好看的视频和照片。数不胜数的娱乐项目充斥着他们的生活，也让他们在闲暇时光充满了欢声笑语，不再感到无聊和寂寞。

4.1　微休闲，小程序里欢乐多 ⊕

微信游戏是基于微信平台与好友之间相互交流的游戏。中老年朋友可以从小程序中找到自己感兴趣的游戏，也可以呼朋唤友一起"闯关"，甚至可以相互挑战。在小程序中，可以尽情享受休闲生活！下面，就让我们走进小程序的精彩世界吧。

🔘 4.1.1　跳一跳，朋友之间来比赛

跳一跳是一款基于微信平台的小游戏，其操作简单容易上手，各个年龄层次的人都可以玩，节奏紧凑，不会令人感到厌烦，是一个在休闲时间娱乐的好帮手。

查找小游戏

开始游戏之前，必须先找到游戏。因为小程序中的游戏不用下载就可以玩，所以找到游戏后，直接点击就可以开始游戏，具体的操作步骤如下。

01 ①在微信主界面中点击"发现"，②找到并点击"小程序"，如图4-1所示。

02　在打开的界面中，可以看到各种各样的小程序。如果界面没有我们要找的小程序，③点击 Q 图标，如图4-2所示。

图 4-1 　　　　　　　　　图 4-2

03　④点击搜索框 Q ，输入要寻找的小程序的名称，如图4-3所示。

04　⑤在搜索界面中，点击"搜索"按钮，如图4-4所示。

05　⑥在出现的结果中点击"跳一跳"，如图4-5所示。

06　现在就可以开始游戏了，如图4-6所示。

查看小游戏

　　退出小游戏后，如果想再次开始游戏，在微信界面中是找不到有关游戏的内容的，我们需要在小程序中重新进入游戏，具体的操作步骤如下。

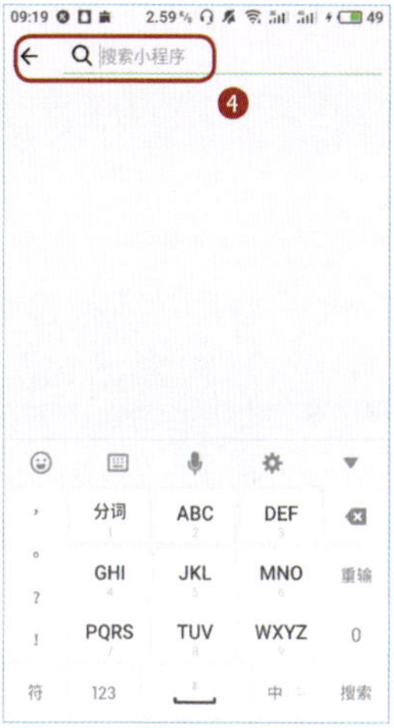

图 4-3

图 4-4

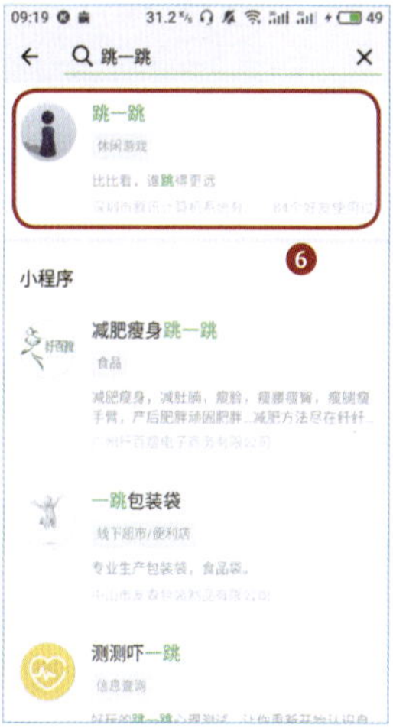

图 4-5

图 4-6

01 ①在微信主界面中点击"发现"，②然后点击"小程序"，如图4-7所示。

02 在"小程序"界面即可看到我们玩过的小游戏，③点击"跳一跳"，如图4-8所示。

03 在游戏界面，④点击"开始游戏"按钮即可开始玩游戏了，如图4-9所示。

图4-7　　　　　　　　图4-8　　　　　　　　图4-9

　　游戏过后就会出现一个"排行榜"，这是玩同一款游戏的好友的得分，在跳一跳界面也可点击查看，具体的操作步骤如下。

01 在游戏界面中，点击"排行榜"，如图4-10所示。

02 此时就可以看到"好友排行榜"了，如图4-11所示。

挑战好友

　　一个人玩游戏有时难免会感到无聊，小游戏可以分享给好友，大家一起玩游戏，不仅如此，还可以在游戏中和好友一较高下，挑战好友的操作步骤如下。

图 4-10

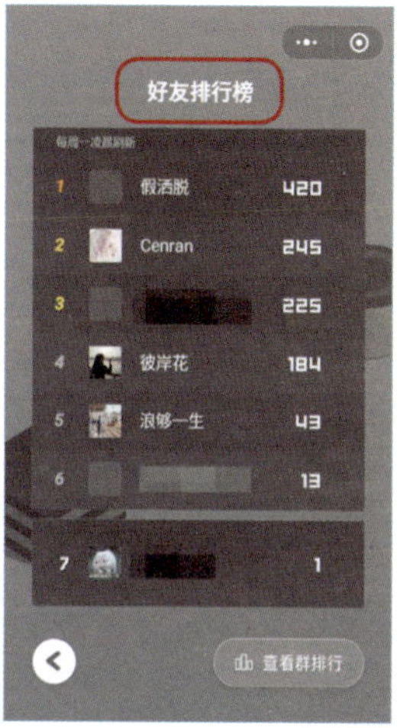

图 4-11

01 ①在游戏界面中点击"多人游戏"，如图4-12所示。

02 接下来的界面介绍了多人游戏的玩法，②点击"跳过"按钮即可，如图4-13所示。

03 ③在相应的界面中点击"邀请好友"按钮，如图4-14所示。

04 在"选择"界面中，④选择想要挑战的好友，如图4-15所示。

05 ⑤在弹出的对话框中点击"发送"，挑战链接发送成功。接下来只要等对方点击就可以与对方一起玩游戏了，如图4-16所示。

　　上述方法可以让我们远距离与好友一起玩游戏，在我们与好友相聚的时候，直接扫码就可以一起加入游戏，不用发送邀请，具体的操作步骤如下。

图 4-12

图 4-13

图 4-14

图 4-15

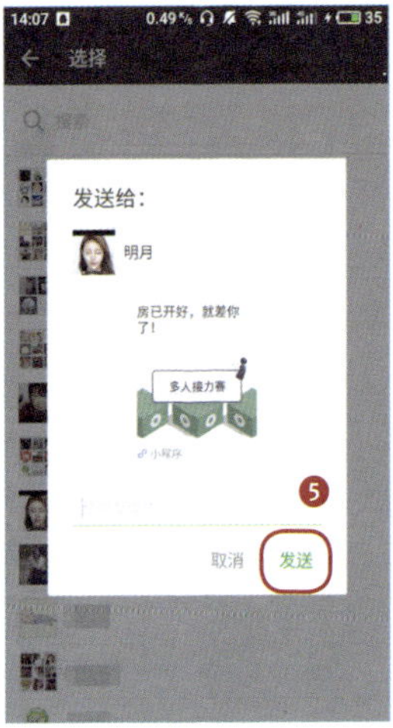

图 4-16

01 在游戏邀请界面，点击"通过房间码邀请"，如图4-17所示。

02 接下来会出现"跳一跳"的二维码，直接扫码就可以一起玩游戏了，如图4-18所示。

图 4–17 　　　　　　　　　　　图 4–18

4.1.2　玩棋牌，随心所欲免下载

　　棋牌是大部分中老年朋友喜爱的游戏。在现实生活中，年轻人都有自己的事情要忙，熟悉的老朋友也有各自的生活，不能随时聚在一起。玩手机游戏，必须要先下载和安装才能玩，过程比较烦琐。而在微信小程序中可以随时随地玩自己喜欢的游戏，并且不需要下载。

搜索微信小游戏

　　微信小游戏中包含了各种类型的小游戏，如果我们不知道该选择哪个游戏或者不知道游戏名称，通过搜索微信小游戏，会有意想不到的效果。

01　①在微信主界面中点击"发现"，②找到并点击"小程序"，如图4-19所示。

02　在"小程序"界面中，③点击 Q 图标，如图4-20所示。

图 4-19 　　　　　　　　　　图 4-20

03　在打开的界面中，④点击搜索框 Q 并输入"微信小游戏"，⑤然后点击"搜索"按钮，如图4-21所示。

04　⑥在出现的搜索结果中选择我们想玩的棋牌游戏，直接点击就可以开始游戏了，如图4-22所示。

输入名称找游戏

　　输入"微信小游戏"进行查找，出现的是大多数人喜欢的游戏，但不一定符合你的喜好。要是没有找到喜欢的小游戏，还可以通过输入名称进行查找，具体的操作步骤如下。

01　在小程序界面中，①点击右上角的 Q 图标，如图4-23所示。

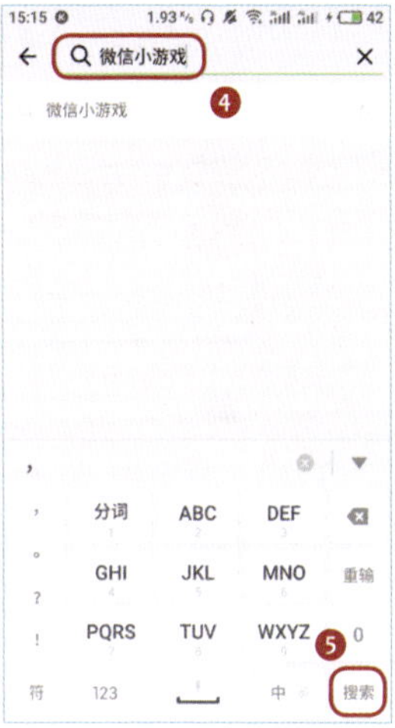

图 4-21

图 4-22

02 ②点击搜索框输入游戏名称，例如"象棋"，③然后点击
　　　"搜索"按钮，如图4-24所示。

03 ④在出现的结果中点击喜欢的游戏，即可开始游戏，如
　　　图4-25所示。

4.1.3　看电视，不再需要多软件

　　用手机观看视频，需要先在手机上下载软件，既耗费流
量又花费时间。在小程序中就不用担心这些问题了在小程序
上看视频，不需要下载，也不占内存，不会过多消耗流量，
点击即可观看，非常方便。用小程序观看视频的操作步骤如下。

01 ①在微信主界面中点击"发现"，②然后点击"小程序"，如
　　　图4-26所示。

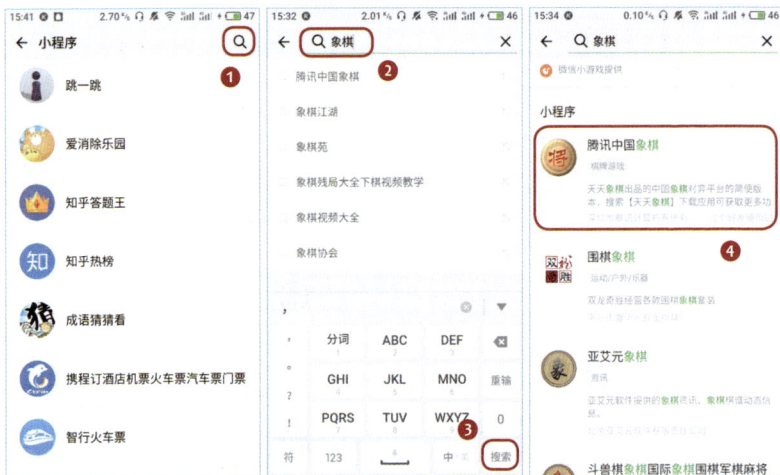

图 4-23　　　　　图 4-24　　　　　图 4-25

02　在小程序界面中，③点击右上角的 🔍 图标，如图4-27所示。

图 4-26　　　　　　　　　图 4-27

03　④在相应界面中点击搜索框 🔍 ，输入"爱奇艺"，⑤点击"搜索"按钮，如图4-28所示。

04 在出现的结果中，⑥选择"爱奇艺视频"，如图4-29所示。

05 现在就可以直接观看视频了，如图4-30所示。

图 4-28

图 4-29

图 4-30

06 退出后如果想再次观看，只需要点击"爱奇艺视频"小程序即可，如图4-31所示。

　　其他观看视频的软件（例如腾讯视频）也可以在小程序中找到。

图 4-31

小提示：开横屏，画面看得更清晰

　　由于手机的长度和宽度不一致，用手机看视频的时候导致画面不清晰，时间长了会导致眼睛酸涩，甚至导致近视。此时就要开启横屏模式了，开启横屏模式之后，转动手机屏幕，手机画面也会随之改变，具体的操作步骤如下。

01　①在微信主界面中点击"我"，②在点击"设置"，如图4-32所示。

02　③在"设置"界面中点击"通用"，如图4-33所示。

图 4-32　　　　　　　　图 4-33

03　在"通用"界面中，④点击"开启横屏模式"右侧的开关按钮，即可开启横屏模式，如图4-34所示。

04　转动手机，手机画面会随之发生改变，如图4-35所示。

图 4-34

图 4-35

4.2　微互动，花样百出玩不停

　　无论是在外地工作、上学的孩子，还是多年未见的老朋友，我们都可以通过微信与他们进行互动。例如和对方一起运动、提醒对方保持健康的生活方式、分享给对方好听的歌曲等。还等什么？拿起手机，打开微信，让精彩在你我间共享！

🔘 4.2.1　贴标签，分组隐私可隐藏

　　标签可以把微信好友做一个标识分区，在分享朋友圈的时候，可以指定给谁看或者谁不可以看；在微信好友过多的时候，可以将好友分组，例如家人、同事等；也可以方便、快捷地找出自己的聊天对象群。建立标签，为我们使用微信

提供了很大的帮助。

添加标签

为好友添加标签，有助于我们快速地找到他们。添加标签的操作步骤如下。

01 在微信主界面中，①点击"通讯录"，②点击"标签"，如图4-36所示。

02 在"所有标签"界面中，③点击"新建标签"按钮，如图4-37所示。

图 4-36 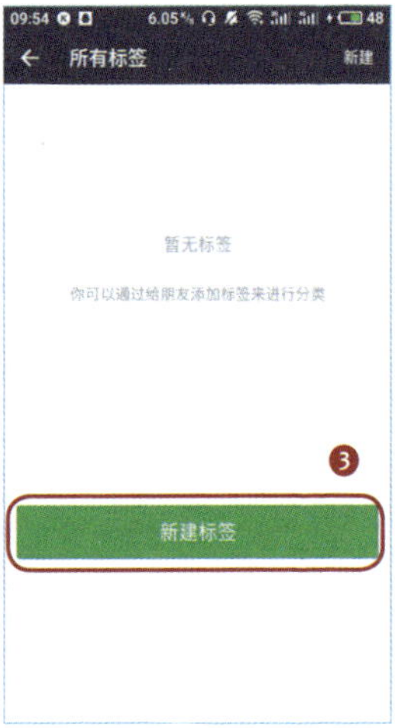　　　　　　　　　图 4-37

03 在"选择联系人"界面中，点击联系人右侧的方框，将要添加标签的联系人同时选中，④点击"确定"按钮，如图4-38所示。

04 在"保存为标签"界面中，⑤点击输入框并输入标签的名称，如图4-39所示。

图 4-38

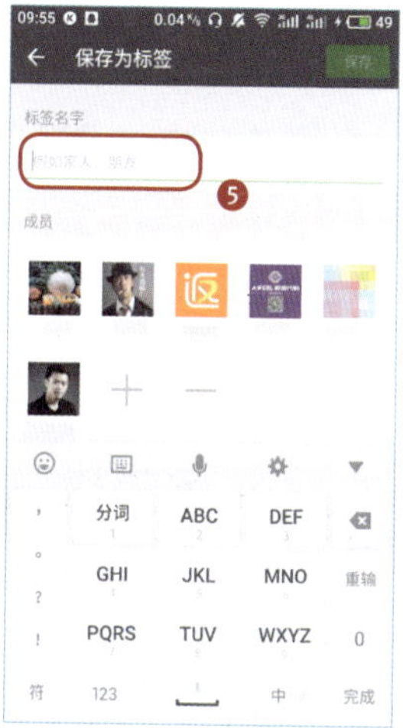

图 4-39

05 输入名称之后，⑥点击"保存"按钮，如图4-40所示。

06 现在标签就创建好了，如图4-41所示。

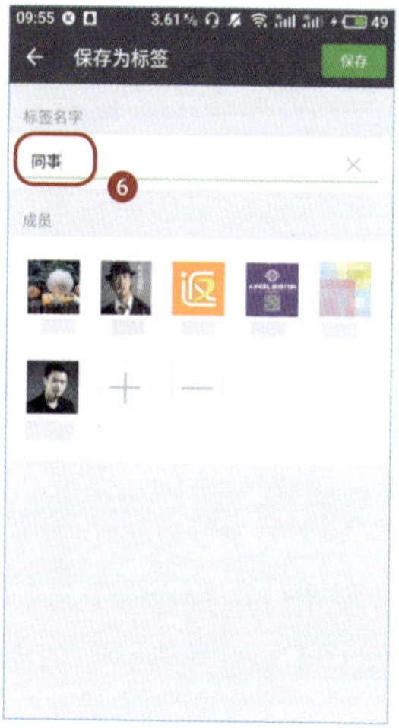

图 4-40

图 4-41

我们也可以单独对好友添加标签，具体的操作步骤如下。

01 在通讯录中选择一位好友，①点击"设置备注和标签"，如图4-42所示。

02 在"添加标签"界面中，②点击输入框，并输入标签的名称，如图4-43所示。

图 4-42 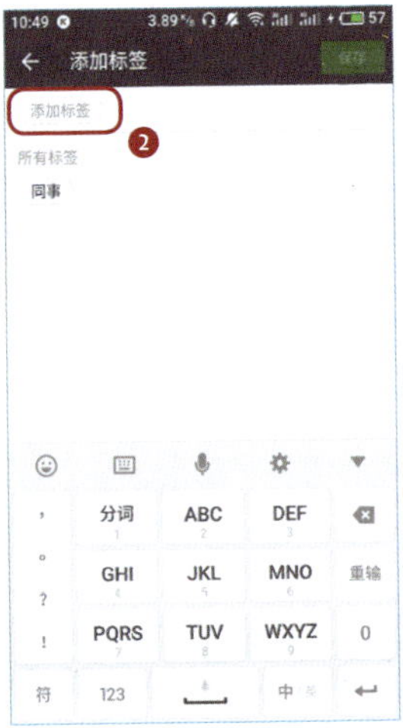　　　　　　　　　　图 4-43

03 输入名称后，③点击"保存"按钮，如图4-44所示。

04 在"备注信息"界面中，④点击"完成"按钮，如图4-45所示。

05 现在好友的标签就设置好了，如图4-46所示。

　　好友标签设置完成后，当我们发布朋友圈时，只想让一部分人看或者让一部分人看不到，就可以利用标签功能实现，具体的操作步骤如下。

图 4-44

图 4-45

图 4-46

01 在微信主界面中，①点击"发现"，②点击"朋友圈"，如图 4-47所示。

02 在"朋友圈"界面中，③长按右上角的 🔘 图标，如图4-48所示。

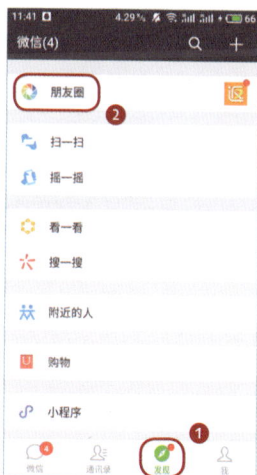

图 4-47

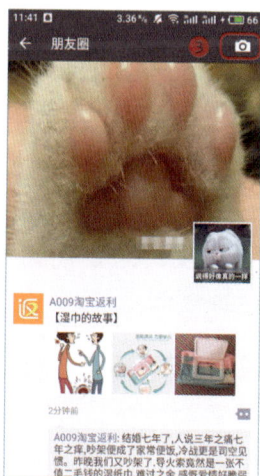

图 4-48

03 在打开的界面中，④点击"谁可以看"，如图4-49所示。

04 ⑤点击"部分可见"，从标签中选择可以看该朋友圈信息的人群，如图4-50所示。

05 ⑥点击"不给谁看"，从标签中选择不能看该朋友圈信息的人群，如图4-51所示。

图 4-49　　　　　　　　　　　图 4-50

图 4-51

标签添加好友

　　标签中的好友不是固定不变的，在建好的标签中可以添加或减少好友，为我们管理标签提供了方便。为标签添加好友的操作步骤如下。

01 在微信主界面中，①点击"通讯录"，②点击"标签"，如图4-52所示。

02 在"所有标签"界面中，③点击标签名称，例如"同事"，如

图4-53所示。

03　在"编辑标签"界面中，④点击 ＋ 图标，如图4-54所示。

　　图 4-52　　　　　　　　　图 4-53　　　　　　　　　图 4-54

04　在"选择联系人"界面。⑤点击联系人右侧的小方框，增加联系人。选中后，该联系人会出现√符号，⑥然后点击"确定"按钮，如图4-55所示。

05　现在好友就添加成功了，⑦点击"保存"按钮，如图4-56所示。

06　在"所有标签"界面，"同事"后的人数增加了，如图4-57所示。

　　标签好友可以增加也可以减少，当好友注销微信账号或原来的微信账号停用时，我们就可以将标签列表中的联系人删除，这样既节省了内存，也避免了不法分子冒充好友骗取钱财、盗取信息。为标签减少好友的操作步骤如下。

图 4-55 图 4-56 图 4-57

01 在"保存为标签"界面，①点击 ━ 图标，如图4-58所示。

02 ②点击联系人左上角的红色标志，将该联系人删除，如图4-59所示。

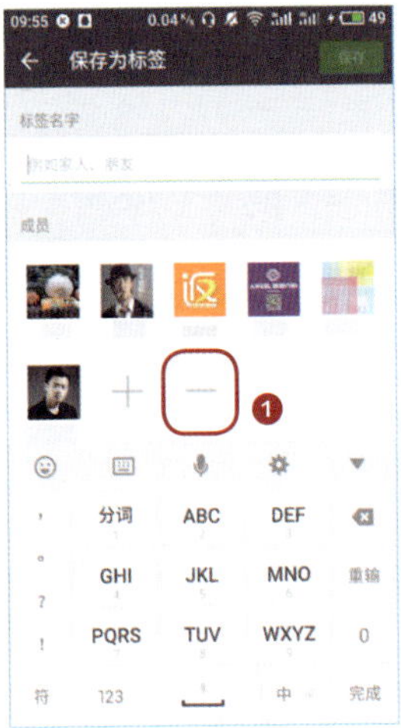

图 4-58  图 4-59

03 现在好友就删除成功了，③点击"保存"按钮，如图4-60所示。

04 在所有标签界面，"同事"后的人数减少了，如图4-61所示。

图 4-60　　　　　　　　　图 4-61

搜索标签

在群中或者朋友给我们发来消息，觉得比较重要的会点击"收藏"。但收藏的东西多了，找起来就会比较麻烦。例如，张三发来 10 条消息，李四发来十条消息，因为发来的时间不一致，所以顺序也是混乱的。此时我们可以设置标签"张三的消息""李四的消息"，查找的时候直接搜索"李四的消息"，10 条信息就呈现出来了。搜索标签的操作步骤如下。

01 ①在微信主界面中点击 Q 图标，如图4-62所示。

02 ②点击搜索框 Q 并输入"同事"，如图4-63所示。

03　出现"同事"标签相关的好友列表，如图4-64所示。

图 4-62 　　　　　　　　　图 4-63 　　　　　　　　　图 4-64

删除标签

标签既能添加，也能删除，当我们不需要再给好友分组时，可以将好友的标签取消，具体的操作步骤如下。

01　在通讯录中点击已建标签的好友，①然后点击"标签"，如图4-65所示。

02　在"备注信息"界面中，②点击"朋友"，如图4-66所示。

03　在"添加标签"界面中，③双击（点两下）"朋友"，如图4-67所示。

04　现在，标签"朋友"就不见了，④点击"保存"按钮，如图4-68所示。

05 ⑤在"备注信息"界面点击"完成"按钮，如图4-69所示。

06 好友的标签已经删除，如图4-70所示。

图 4-65

图 4-66

图 4-67

图 4-68

图 4-69

图 4-70

接下来是删除标签。如果标签设置不当，可以删除标签。删除后，标签分组也会一起消失，具体的操作步骤如下。

01　①在微信主界面中点击"通讯录"，②然后点击"标签"，如图4-71所示。

02　在"所有标签"界面中，③点击"同事"，如图4-72所示。

图 4-71

图 4-72

03　在"编辑标签"界面中，④点击"删除标签"按钮，如图4-73所示。

04　在弹出的对话框中，⑤点击"删除"，如图4-74所示。

05　标签删除成功，如图4-75所示。

除了进入标签界面删除标签，长按标签名称也可以将其删除，具体的操作步骤如下。

01　长按标签名称，①在弹出的菜单中点击"删除"，如图

4-76所示。

02 ②在弹出的对话框中点击"删除"按钮，如图4-77所示。

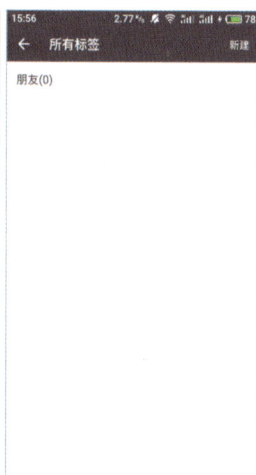

图 4-73　　　　　　　图 4-74　　　　　　　图 4-75

图 4-76　　　　　　　　　　图 4-77

4.2.2　能搜歌，忘记名字摇一摇

"摇一摇"是微信的一个随机交友功能，通过摇手机，可以匹配到同一时段使用"摇一摇"功能的微信用户，从而增加用户之间的互动性。"摇一摇"包括人、歌曲和电视，每个应用方向都有不同的功能，让使用摇一摇的用户不会感到单调。

人

微信"摇一摇"能根据地理位置找到附近的人，并和对方打招呼。如果对方发布的信息对我们造成了困扰，我们也可以投诉，具体的操作步骤如下。

01　在微信主界面中，①点击"发现"，②单击"摇一摇"，如图4-78所示。

02　在弹出的对话框中有一些注意事项，③点击"我知道了"，如图4-79所示。

图4-78

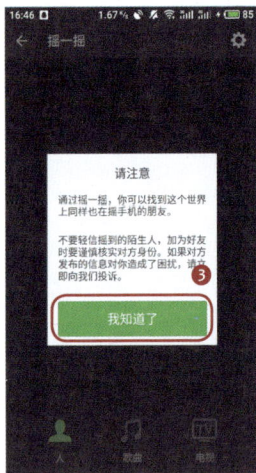

图4-79

03　④在"摇一摇"界面中点击左下角的"人"，轻轻摇动手机，如图4-80所示。

04　摇动手机后，⑤点击搜索到的同一时间在摇手机的微信用户，如图4-81所示。

05　⑥在相应的界面中点击"打招呼"按钮，即可和对方聊天了。如果对方对我们造成了困扰，⑦点击"投诉"按钮可以投诉对方，如图4-82所示。

图 4-80　　　　　　　　图 4-81

图 4-82

歌曲

当我们听到一首歌，感觉很熟悉，但却想不起来歌曲的名字时，"摇一摇"歌曲就可以知道歌曲的名字和歌词，具体的操作步骤如下。

01　①打开"摇一摇"界面并点击"歌曲"，然后摇动手机，如图4-83所示。

02 如果周围正好有歌曲在播放，就会显示正在播放的歌曲的名字和歌词，如图4-84所示。

图 4-83　　　　　　　　　　图 4-84

电视

　　"摇一摇"也可以收看电视。当附近有人正在看电视，摇一摇手机，可以同步收看电视节目。收看电视的具体操作步骤如下。

01 打开"摇一摇"界面，①点击右下角的"电视"，轻轻摇动手机，手机会自动识别正在播放的电视节目，如图4-85所示。

02 若搜索到相应的信号，②点击即可观看。若没有搜索到，在弹出的界面中，可选择自己感兴趣的节目进行观看，如图4-86所示。

设置

　　通过设置可以更换"摇一摇"的背景图片，可以查看上一次摇到的人群，可以关闭"摇一摇"的声音等。"设置"
可以帮助我们更好地管理"摇一摇"，令"摇一摇"使用起
来更加顺手，具体的操作步骤如下。

图 4-85

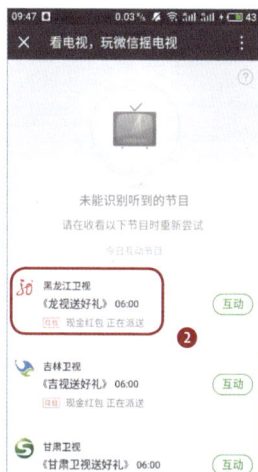

图 4-86

01　①点击"摇一摇"界面右上角的 ⚙ 图标，如图4-87所示。

02　在"摇一摇设置"界面中，可以对"摇一摇"进行设置。②
　　点击"换张背景图片"，可更改"摇一摇"的背景图，如图
　　4-88所示。

03　在"图片"界面中，③点击喜欢的图片作为背景图。④如果
　　图库中没有喜欢的图片，点击"拍摄照片"，可以现场拍
　　摄照片，如图4-89所示。

04　选好照片后，⑤点击"完成"按钮，如图4-90所示。

05　设置完成后，重新摇动手机，会出现设定好的背景图，
　　如图4-91所示。

图 4-87

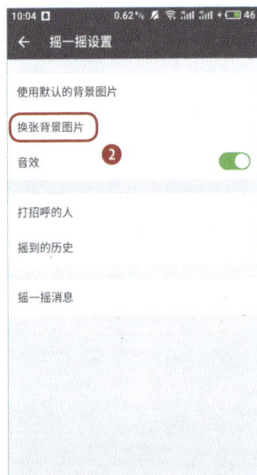

图 4-88

图 4-89　　　　　图 4-90　　　　　图 4-91

　　在"摇一摇"中，摇动手机会同时发出"咔嚓"声。如果想关闭该声音，点击"音效"右侧的开关按钮，声音即可关闭，如图 4-92 所示。同时，在摇一摇界面上方会出现🔇图标，表示音效已关闭，如图 4-93 所示。

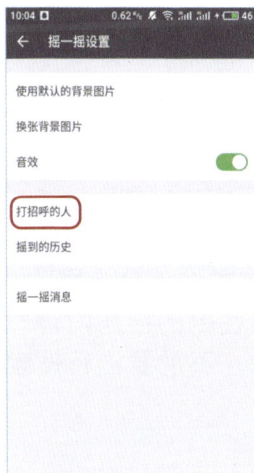

图 4-92   图 4-93

　　如果想再次打开音效，重新点击"音效"右侧的开关按
钮即可。在"摇一摇设置"界面中，点击"打招呼的人"，
即可查看曾经打招呼的记录，如图 4-95 所示。点击"摇到
的历史"，如图 4-96 所示，即可查看搜索到的历史记录，
如图 4-97 所示。

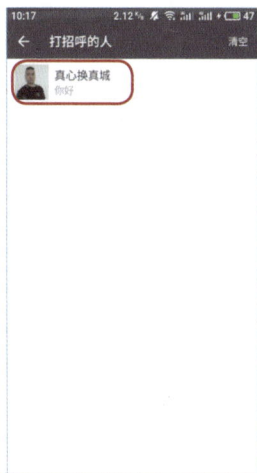

图 4-94   图 4-95

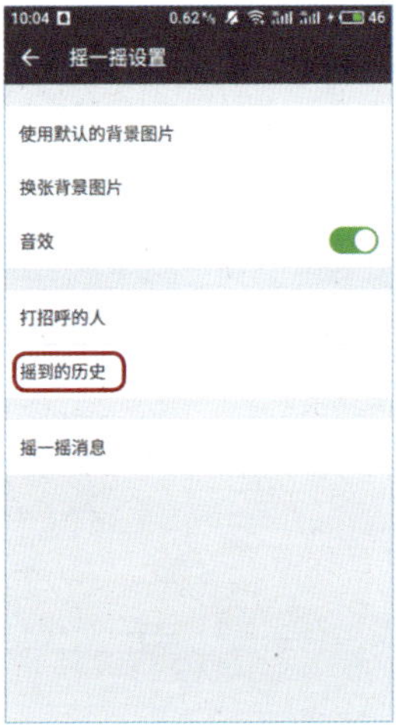

图 4-96

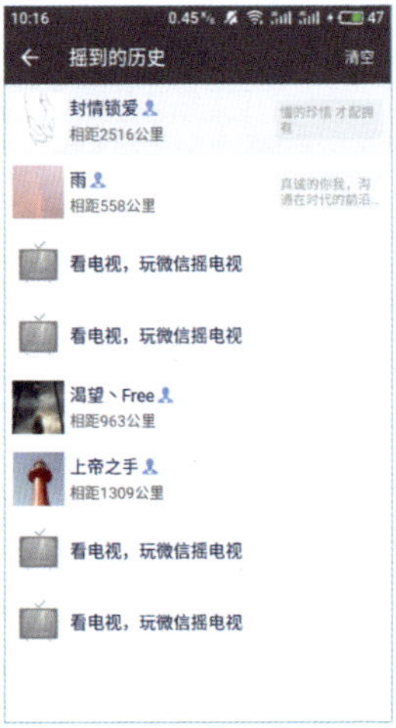

图 4-97

4.2.3　看一看，热点资讯随手查

　　许多中老年朋友都喜欢按时收看新闻联播，关注热点和社会资讯，但是新闻只选择比较重要的时事来报道，不可能每件事情都会提到。因此，要想详细了解我们感兴趣的时事，就要浏览更多相关的新闻，搜索起来相当费神。微信"看一看"功能包含了各地区、各领域的公众号，为我们了解时事提供很大的帮助。

关注公众号

　　要想查看公众号的内容，就要先关注该公众号。关注后，可以随时查看公众号发布的内容和往期的推送内容。关注公众号，可直接进入公众号进行查看，不需要进行搜索。关注公众号的操作步骤如下。

01 ①在微信主界面中点击"发现"，②然后点击"看一看"，如图4-98所示。

02 在"看一看"界面中，③选择自己感兴趣的公众号，如图4-99所示。

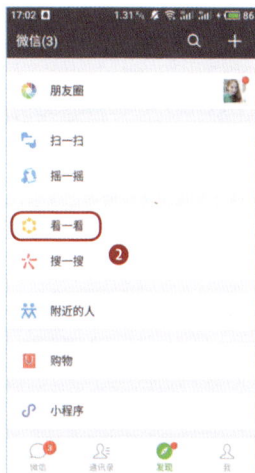

图 4-98　　　　　　　图 4-99

03 在相应的界面中，④点击标题下方的蓝色小字，即公众号名称，如图4-100所示。

04 ⑤在"详细资料"界面中点击"关注"按钮，即可关注该公众号，如图4-101所示。

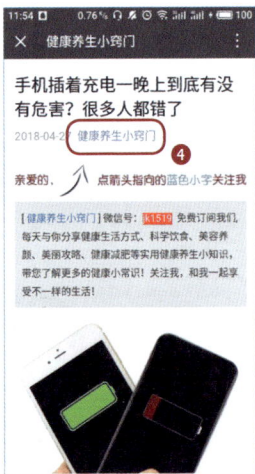

图 4-100

图 4-101

05 ⑥点击"进入公众号"按钮，即可进入公众号查看内容了，如图4-102所示。

06 进入公众号界面之后，可查看公众号的往期内容，如图4-103所示。

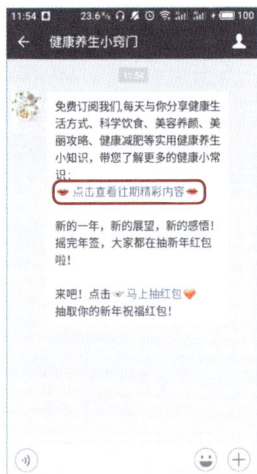

图 4-102

图 4-103

刷新公众号

在"看一看"中可以浏览各种公众号，但一次只会出现十多条公众号的内容，看完之后必须刷新才能查看未浏览的、新的热点公众号。刷新公众号的操作步骤如下。

01 在"看一看"界面中，可查看各种公众号，如图4-104所示。

02 在"看一看"界面向下滑动，顶部会出现缓冲标志的（3个点），如图4-105所示。

03 公众号刷新成功，如图4-106所示。

图 4-104

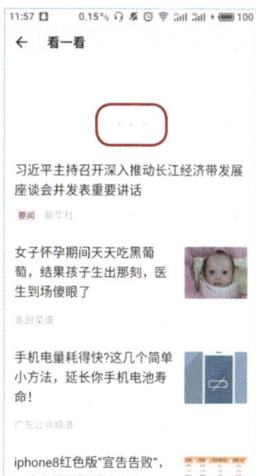

图 4-105

图 4-106

⬤ 4.2.4　做运动，带着手机看步数

在小区或者公园经常会看到许多人在散步，有的带着孙

子、孙女在玩耍，有的和朋友一起锻炼，还有的牵着宠物出来遛弯……散步不仅有利于保持心情愉悦，还有利于保持身体健康。

启用微信运动

"微信运动"是腾讯公司推出的一个公众号，能够统计并记录一天走路的步数、查看微信运动排行榜、发送朋友圈等。"微信运动"能够帮助我们适量地运动、锻炼身体，具体的操作步骤如下。

01　①在微信主界面中，点击右上角的 🔍 图标，如图4-107所示。

02　在打开的界面中，点击搜索框 🔍 ，②输入"微信运动"，③点击"搜索"按钮，如图4-108所示。

03　在搜索结果中，④选择"公众号-微信运动"，如图4-109所示。

图 4-107　　　　图 4-108

图 4-109

04　在"详细资料"界面中，⑤点击"启用该功能"按钮，如图4-110
　　　所示。

05　启用成功后，可以看到"微信运动"的详细资料，⑥点击
　　　"进入微信运动"，如图4-111所示。

06　现在就进入"微信运动"的界面了，如图4-112所示。

　　　　图 4-110　　　　　　　图 4-111　　　　　　　图 4-112

步数排行榜

　　步数排行榜是将所有使用微信运动的好友的步数进行统
计，并按照从高到低的顺序进行排列。通过步数排行榜，不
仅可以查看自己的步数，还可以查看好友的步数，并与之比较。
需要注意的是，运动要适量，不要为了凑步数而过度运动！
查看排行榜的操作步骤如下。

01　在"微信运动"界面中，①点击下方的"步数排行榜"，如图
　　　4-113所示。

02 在"排行榜"界面中，会显示自己和好友的步数与排名，②点击右侧的爱心图标 ♥，可以给好友点赞，如图4-114所示。

图 4-113

图 4-114

　　排行榜除了可以点赞之外，还可以分享到朋友圈、捐赠步数等，这些功能能够将微信运动的记录与好友分享，与朋友相互点赞、相互鼓励，分享运动的快乐。

01 在排行榜界面中，点击右上角的 ⋮ 图标，如图4-115所示。

02 在弹出的菜单中，显示了"微信运动"的一些附加功能，如图4-116所示。

　　"发起步数挑战"可以向好友发送步数挑战的消息，督促好友共同进步。

　　"分享给朋友"和"分享到朋友圈"是将自己的步数统计发送给好友或发布朋友圈，让大家都可以看到。

　　"捐赠步数"是"微信运动"的一个公益功能，只要步数达到 10000 步就能选择"捐赠步数"，捐赠后，官方与相关合作方会捐赠一定数额的公益款。

图 4-115　　　　　　　　　　　　图 4-116

邀请朋友

　　邀请朋友就是向没有加入"微信运动"的好友发送关注"微信运动"的邀请，当好友点击该邀请后，好友就能加入"微信运动"了。邀请朋友才加"微信运动"的具体操作步骤如下。

01　打开"微信运动"的"详细资料"界面，①点击"邀请朋友"，如图4-117所示。

02　②在"选择"界面中，选择要发送邀请的好友，如图4-118所示。

03　在弹出的对话框中，③点击"发送"，邀请发送成功，如图4-119所示。

图 4-117　　　　　　　　　图 4-118　　　　　　　　　图 4-119

常见问题

如果对微信运动有疑问，可以在"详细资料"界面点击"常见问题"，其中列有一些容易让人产生疑惑的问题，并且有"微信运动"官方的回答。查询常见问题的具体操作步骤如下。

01 在"微信运动"的"详细资料"界面中，点击"常见问题"，如图4-120所示。

02 在"帮助与反馈"界面中列有一些常见问题，点击相应问题即可查看答案，如图4-121所示。

停用微信运动

当我们不想再使用"微信运动"时，即可停用"微信运动"。停用后，"微信运动"不再统计我们行走的步数。在公众号界面，也找不到微信运动。具体的操作步骤如下。

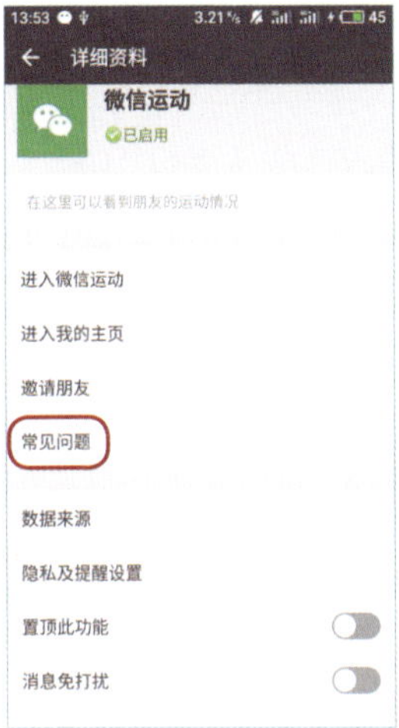

图 4-120 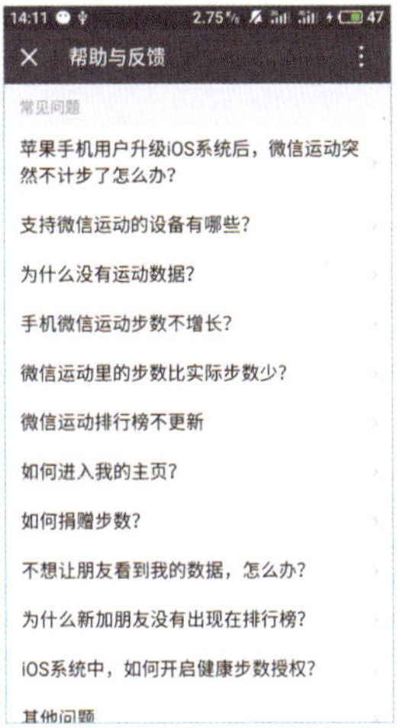   图 4-121

01 在"详细资料"界面中向上滑动，①找到并点击"停用"按钮，如图4-122所示。

02 ②在弹出的对话框中点击"清空"，即可停用"微信运动"。停用后历史数据将清空，如图4-123所示。

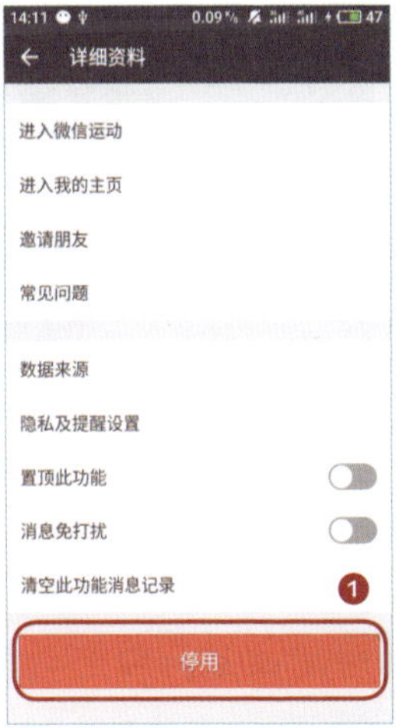

图 4-122 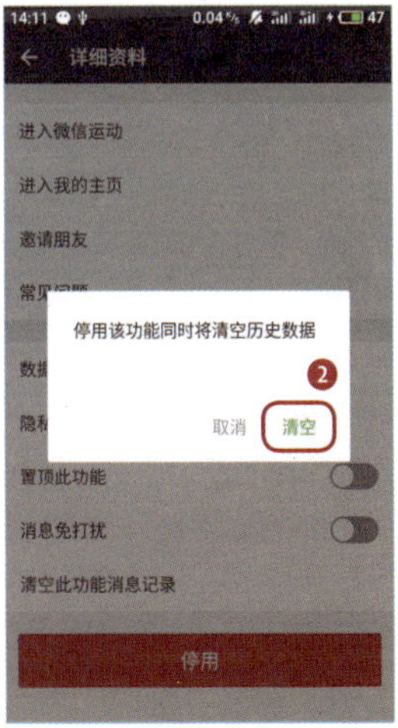   图 4-123

小提示：设权限，乱发广告可屏蔽

在浏览朋友圈的时候，经常看到有人发广告，让人烦不胜烦。其实，我们可以对好友设置浏览朋友圈的权限，屏蔽对方的朋友圈。这样，就不用担心对方在朋友圈乱发广告了。

01 ①在微信主界面中点击"通讯录"，②在通讯录中选择要屏蔽的微信好友，如图4-124所示。

02 ③在"详细资料"界面中点击右上角的 ⋮ 图标，如图4-125所示。

图 4-124

图 4-125

03 ④在弹出的菜单中点击"设置朋友圈权限"，如图4-126所示。

04 ⑤点击"不让他（她）看我的朋友圈"右侧的开关按

钮，对方将无法看到自己发的朋友圈。⑥点击"不看他
（她）的朋友圈"右侧的开关按钮，对方在朋友圈发
的消息，我们将不会看到，如图4-127所示。

图 4-126　　　　　　　　　图 4-127

4.3　微剪辑，图片视频加效果

　　剪辑就是通过视频编辑软件，将拍摄好的视频经过选择、裁剪，按照一定的要求重新编排。通过剪辑，我们可以为图片和视频添加文字、表情等，让图片和视频拥有不一样的效果。

4.3.1　来涂鸦，随时圈出画重点

　　涂鸦是指在图片或纸上随意涂抹色彩，使其颜色更加丰富，描绘出一种色彩的特殊风格。通过涂鸦，可以将自己的想法表达出来，也可以自娱自乐，在缤纷的颜色中获得想象的自由和快乐。

添加涂鸦

　　添加涂鸦可以对图片进行修改，将自己的想象尽情地在图片上发挥，不必中规中矩，体验创造的乐趣。添加涂鸦的具体操作步骤如下。

01　打开与好友的聊天界面，①点击右下角的 ⊕ 图标，如图 4-128 所示。

02　②在弹出的界面中，点击"拍摄"，如图4-129所示。

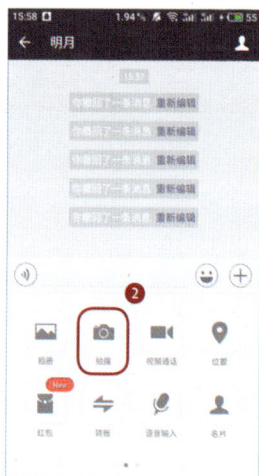

图 4-128　　　　　　　图 4-129

03　将摄像头对准要拍摄的景物，拍好后，③点击中间的图标进行编辑，如图4-130所示。

04　在打开的界面中，④点击左下角的 ▨ 图标，如图4-131所示。

05　现在即可在图片上随意涂鸦了，⑤如果画错了点击 ↰ 图标可以撤回。⑥点击带有颜色的小圆圈能够改变涂鸦的颜色，如图4-132所示。

图 4-130 　　　　　图 4-131 　　　　　图 4-132

添加文字

文字可以更加直接地表达我们的想法，也可以使图片更清晰、生动和有趣。添加文字的操作步骤如下。

01　在编辑图片界面中，①点击下方的 🅣 图标，如图4-133所示。

02　在弹出的界面中，输入要添加的文字，②点击带有颜色的小圆圈，设置文字颜色。③点击"完成"，如图4-134所示。

03 将文字移到合适的位置（按住并拖动文字，可以改变文字的位置；双指按住向内合拢，文字变小，双指按住向外拉伸，字体变大），④如果想删除文字，按住并拖动至 🗑 图标处即可，如图4-135所示。

图 4-133

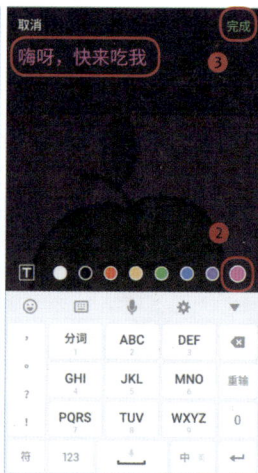
图 4-134

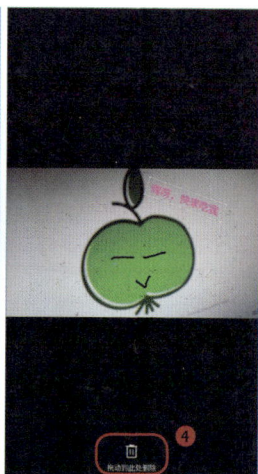
图 4-135

04 ⑤编辑好图片后点击"完成"，如图4-136所示。

05 ⑥在弹出的界面中点击右下角的 ☑ 图标，如图4-137所示。

06 现在就可以将编辑好的图片发送给好友了，如图4-138所示。

4.3.2 加表情，幽默好玩显特色

表情包的表达更为直观、明朗，可以将我们不好说出口或不便表达的内容，以一种诙谐的方式表现出来，让人更易接受，一些搞笑的表情更令人忍俊不禁。其实，视频和图片

都可以添加表情，添加表情的具体操作步骤如下。

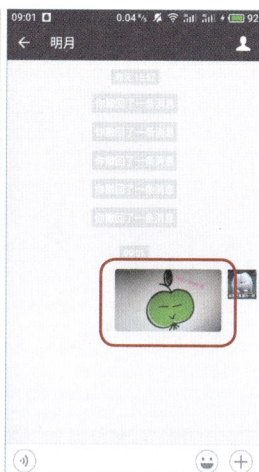

图 4-136　　　　　图 4-137　　　　　图 4-138

01 打开与好友的聊天界面，①点击 ⊕ 图标，②在弹出的界面中点击"拍摄"，如图4-139所示。

02 将摄像头对准要拍摄的景物，拍好后，③点击中间的图标进行编辑，如图4-140所示。

03 在打开的界面中，④点击 ☺ 图标，如图4-141所示。

04 ⑤在弹出的界面中选择要添加的表情，如图4-142所示。

05 添加表情后，按住并拖动表情可以改变其位置；双指按住向内合拢，表情变小，双指按住向外拉伸，表情变大。表情的删除与文字的操作相同。设置完成后，⑥点击"完成"，如图4-143所示。

图 4-139　　　　　　　图 4-140　　　　　　　图 4-141

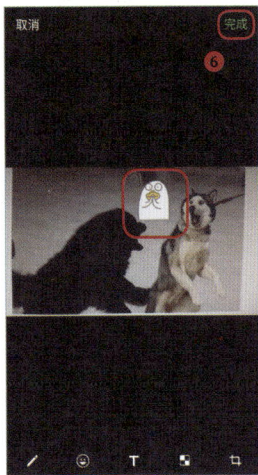

图 4-142　　　　　　　图 4-143

06 编辑好图片后，⑦点击右下方的◯图标，如图4-144所示。

07 现在就可以将编辑好的图片发送给好友了，如图4-145所示。

图 4-144

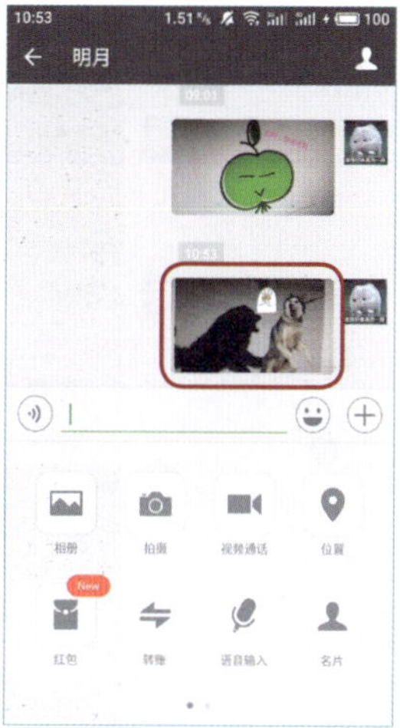

图 4-145

4.3.3　打"马赛克"，遮挡隐私不暴露

　　"马赛克"是一种图像处理手段，对特定区域的细节进行模糊处理。通常用"马赛克"遮挡比较隐私或不想暴露的信息，例如家庭住址等。值得注意的是，微信上只有图片可以打"马赛克"。添加"马赛克"的具体操作步骤如下。

01　打开与好友的聊天界面，①点击右下角的 ⊕ 图标。②在弹出的界面中点击"拍摄"，如图4-146所示。

02　将摄像头对准要拍摄的景物，③拍好后点击中间的 ◉ 图标进行编辑，如图4-147所示。

03　在打开的界面中，④点击下方的 ■ 图标，如图4-148所示。

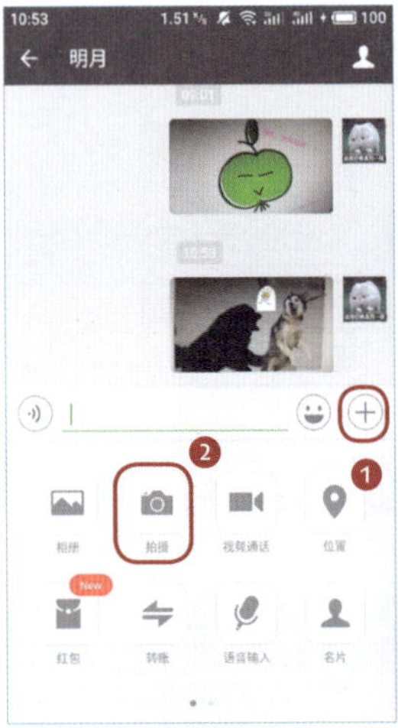

图 4-146 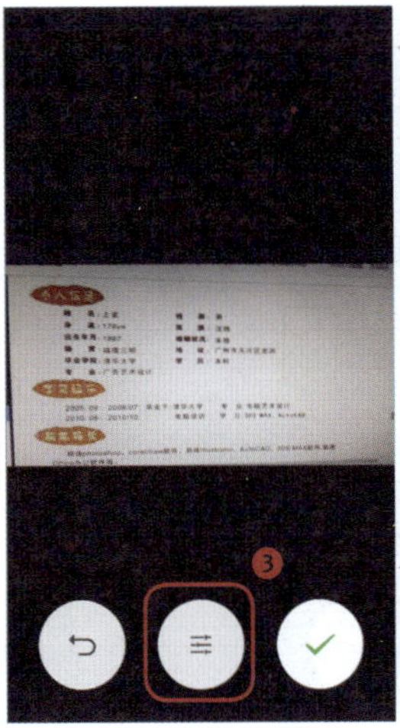　　　　　图 4-147 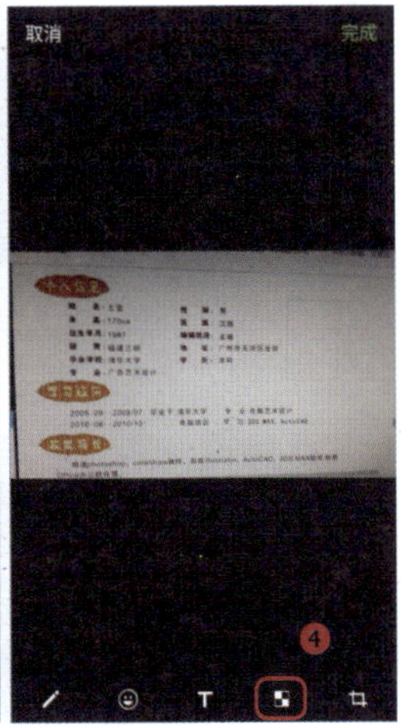　　　　　图 4-148

04　⑤点击 ▨ 图标，并选择图片上需要遮挡的区域，用手指轻轻滑动，马赛克就"打"好了，如图4-149所示。

05　⑥我们还可以点击 ▨ 图标，这是马赛克的另一个种类，用手机轻轻滑过需要遮挡的区域，马赛克就"打"好了，⑦点击"完成"。两种马赛克都可以起到遮挡的作用，只是程度不一样而已，如图4-150所示。

06　图片编辑好后，⑧点击右下方的 ▨ 图标，如图4-151所示。

07　此时编辑好的图片就可以发送给好友了，如图4-152所示。

🔘 4.3.4　学剪辑，动静都能取所需

　　剪辑可以将视频的动、静结合起来，使其达到特定的效果。我们所看到的电影和电视剧都是经过剪辑而成的，现在，让我们尝试自己来剪辑视频吧！和给图片打马赛克一样，只有

视频才能进行剪辑，具体的操作步骤如下。

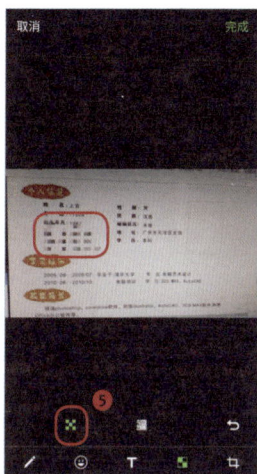

图 4-149

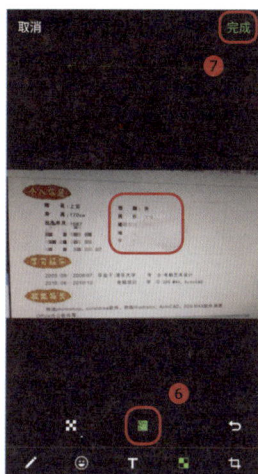

图 4-150

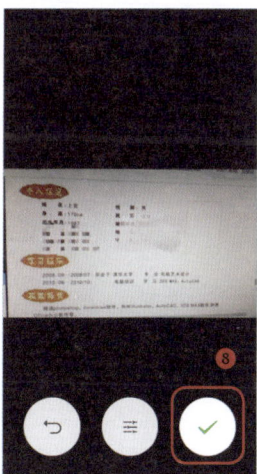

图 4-151

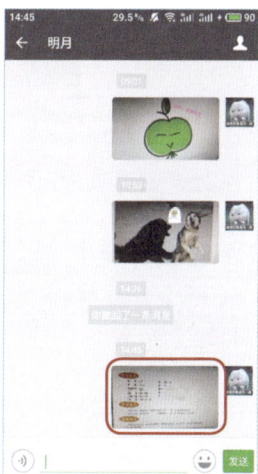

图 4-152

01 打开与好友的聊天界面，①点击右下角的 ⊕ 图标。②在弹出的界面中点击"拍摄"，如图4-153所示。

02　③长按中间白色小圆圈即可拍视频，手指放开，拍摄完毕，如图4-154所示。

03　视频拍好后，④点击中间的🔘图标进行剪辑，如图4-155所示。

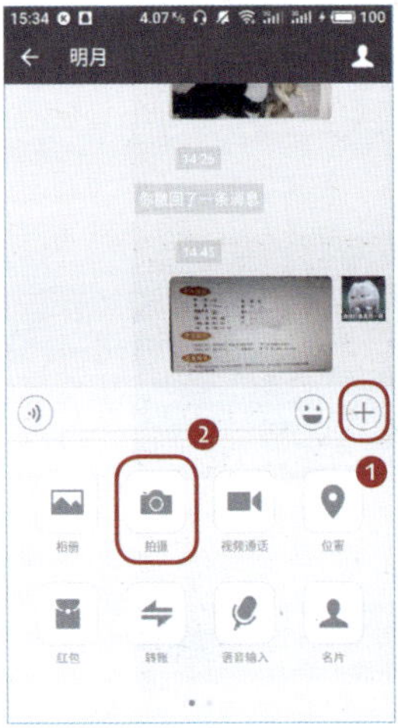

图 4-153 　　　　　　　图 4-154 　　　　　　　图 4-155

04　在打开的界面中，⑤点击右下方的▫图标，如图4-156所示。

05　在视频剪辑界面，⑥将视频向右拖动，视频的开始几帧被删除，视频播放时不会出现原视频的开头部分，如图4-157所示。

06　⑦将视频向左拖动，视频的最后几帧被删除，视频播放不会出现原视频的结尾部分，如图4-158所示。

07　剪辑完成后，⑧点击"完成"，如图4-159所示。

图 4-156

图 4-157

图 4-158

图 4-159

08 在此界面，还可以给视频添加涂鸦、文字和表情，方法与前述一致，⑨然后点击"完成"，如图4-160所示。

09 剪辑好视频之后，⑩点击右下角的  图标，如图4-161所示。

10 　现在，剪辑好的视频就可以发送给朋友了，如图4-162所示。

 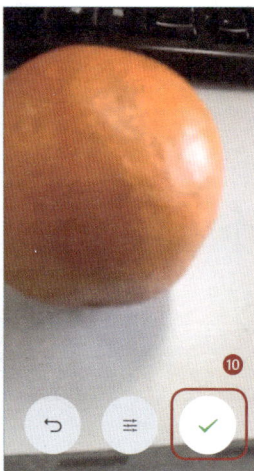

图 4-160 　　　　　　 图 4-161 　　　　　　 图 4-162

小提示：能收藏，劳动成果不浪费

　　许多中老年朋友都收藏孩子小时候的照片，或哭，或笑，或撒娇地要抱抱……这些都是珍贵的回忆。对于我们亲手编辑的图片和视频也可以进行收藏，让已经长大的孩子看看父母的"与时俱进"。等以后再看，也是一份珍贵的回忆。

● **收藏图片**

01 　打开与好友的聊天界面，找到想收藏的图片，①并长按图片，如图4-163所示。

02 　②在弹出的菜单中点击"收藏"，如图4-164所示。

03　图片收藏成功，如图4-165所示。

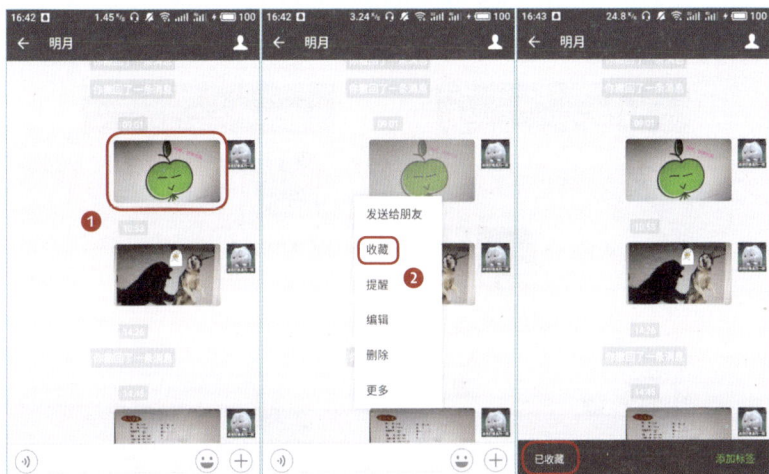

图 4-163　　　　　图 4-164　　　　　图 4-165

　　收藏成功后，还可以查看收藏的内容，具体的操作步骤如下。

01　在好友聊天界面中，①点击右下角的⊕图标。在弹出的界面中向左滑动，②找到并点击"我的收藏"，如图4-166所示。

02　现在就可以看到收藏的图片了，如图4-167所示。

● **收藏视频**

01　在聊天界面中，①找到并长按发送的视频，如图4-168所示。

02　②在弹出的菜单中点击"收藏"，如图4-169所示。

03 视频收藏成功，如图4-170所示。

04 视频收藏成功后，可以到"我的收藏"中进行查看。

图 4-166　　　　　　　　图 4-167

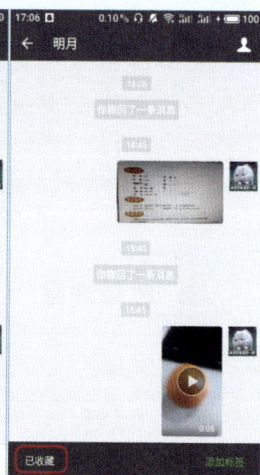

图 4-168　　　　图 4-169　　　　图 4-170

第 5 章

做理财，核心功能须掌握

📅 内容摘要

微支付，出门只用带手机

微钱包，便民项目也不少

微管理，个人财务要清晰

滑动解锁

　　许多人对买彩票等有所研究，这些"投资"和"理财"方式都具有较高的风险性。对于大部分人来说，这种"理财"方式的投入和回报不成正比，因此找到合理、安全、具有稳健收入的理财方式就至关重要了。掌握正确的理财方式，就可以让钱生钱，为家里增加更多的收入。

5.1 　微支付，出门只用带手机 ⊕

　　以前购物，不但需要现金还需要粮票、布票等，数量有限制；后来则用现金购物，不限制数量，但1角2角的找零很麻烦；现在，使用手机购物、付款，不仅不用随身携带现金，也不用担心找零的问题，为人们的生活带来了极大的便利。

5.1.1 　别担心，微信支付有保障

　　微信支付是由腾讯公司和第三方支付平台财付通联合推出的移动支付功能，用户可以通过手机快速支付。腾讯计算机系统有限公司是一家民营IT企业，成立于1998年11月，是中国较大的互联网综合服务提供商之一，也是中国服务用户较多的互联网企业之一，2004年6月，其在中国香港上市。因此，我们可以放心地使用微信支付功能。

　　微信支付有其自身的优势。

● **简单安全**

　　在门店消费用微信支付结账，过程只需3秒即可完成，

为商家特别是商超便利店等零售行业，节省大量因排队等候、找零等浪费的时间，让顾客购物更舒心，让商家有更多的时间服务更多的客人。其次，通过电子货币收款可以有效避免假币风险和收银员失误等弊端。

● **资金秒到**

使用微信支付收款，资金实时到账，随时归集、提现。

● **凝聚人气**

消费者进店消费使用微信支付，当支付完成时消费者的微信自动关注商家微信公众号。长此以往，商家便可以积累庞大的粉丝群体，凝聚大量人气。

5.1.2　绑定卡，零钱提现和充值

在用手机注册微信账号后，该账号与手机号码是绑定的。如果需要使用微信来付款或转账提现，就需要绑定相关的银行卡。绑定后，微信可抢红包；零钱可提现、充值；购物可使用微信付款等，绑定银行卡是使用微信钱包必不可少的条件。

绑定银行卡

绑定银行卡是指，将银行卡与微信账号绑定在一起。绑定银行卡后，购物才能使用微信支付，因此如果要使用微信付款，银行卡是一定要绑定的。绑定银行卡的操作步骤如下。

01　① 在微信主界面中点击"我"，② 再点击"钱包"，如图 5-1 所示。

02　在"我的钱包"界面中，③ 点击"银行卡"，如图 5-2 所示。

03　在"银行卡"界面中，④ 点击"添加银行卡"，如图 5-3 所示。

图 5-1 　　　　　　　　图 5-2　　　　　　　　图 5-3

04　在"添加银行卡"界面中，输入要绑定的银行卡卡号，⑤ 点击"下一步"，如图 5-4 所示。

05　在"填写银行卡及身份信息"界面中，填写真实的银行卡及身份信息，手机号必须是办理银行卡时预留给银行的号码。填写后，确保选中"同意《用户协议》"复选框，⑥ 然后点击"下一步"，如图 5-5 所示。

06　在"验证手机号"界面，等待微信官方发来的验证码，将验证码填入，⑦ 然后点击"下一步"。如果未收到验证码，⑧ 点击"收不到验证码？"，可换一种方式进行验证，如图5-6所示。

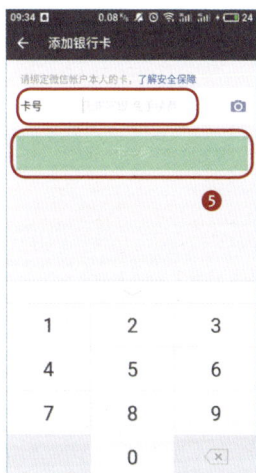 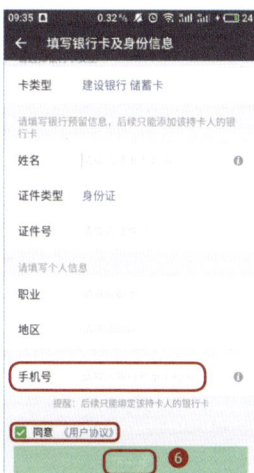 

图 5-4　　　　　　　　　图 5-5　　　　　　　　　图 5-6

07　信息填写完成后，需要设置一个六位数的支付密码。这个支付密码是我们付款时需要输入的密码，不是银行卡的支付密码。如果忘记密码，可能会导致无法支付；也不要设置如"123456"这样简单的密码，如图5-7所示。

08　与设置银行卡密码的方式相同，我们还需要重新输入一遍以确认密码，如图5-8所示。

09　银行卡绑定成功，点击"完成"按钮，如图5-9所示。

　　银行卡绑定成功后，可在"我的钱包"中查看绑定的银行卡，具体的操作步骤如下。

01　在"我的钱包"界面中，点击"银行卡"，如图5-10所示。

图 5-7　　　　　　　　　图 5-8　　　　　　　　　图 5-9

02 在"银行卡"界面，可以查看所有已绑定的银行卡，如图
5-11所示。

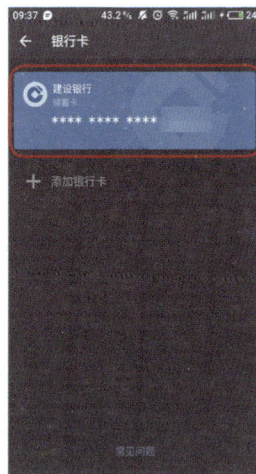

图 5-10　　　　　　　　　　　图 5-11

微信支付除了可以绑定储蓄卡之外，还可以绑定信用卡。

信用卡的使用与储蓄卡类似，但需要注意的是，微信发红包和转账，无法通过信用卡进行支付。

　　绑定银行卡后，如果需要停用某张银行卡，可以在微信支付中，取消绑定该银行卡，具体的操作步骤如下。

01　在"银行卡"界面，①选择要解除绑定的银行卡，如图5-12所示。

02　在出现的界面中，②点击右上角的▐图标，如图5-13所示。

03　在弹出的菜单中，③点击"解除绑定"，即可取消绑定该银行卡，如图5-14所示。

图 5-12　　　　　　　图 5-13　　　　　　　图 5-14

零钱充值与提现

　　微信"零钱"就是该微信账号还能使用的金钱数量。充值是将银行卡中的钱充值到微信账号中；提现是将微信"零钱"

中的钱转入银行卡中。要使用微信支付付款，微信支付的"零钱"中需要有钱，才能直接使用"零钱"付款。"零钱"充值的操作步骤如下。

01 ①在"我的钱包"界面点击"零钱"，如图5-15所示。

02 ②在零钱界面中，点击"充值"按钮，如图5-16所示。

03 ③点击"充值金额"并输入要充值的金额，④然后点击"下一步"按钮，如图5-17所示。

图 5-15　　　　　　图 5-16　　　　　　图 5-17

04 输入微信支付密码，注意，不是银行卡的支付密码，如图5-18所示。

05 输入正确的支付密码后，会跳转到"充值详情"界面，显示"充值成功"，⑤点击"完成"按钮，如图5-19所示。

06 在"零钱"中可以看到已经充值的金额。"零钱"中有余额后，即可点击"提现"按钮进行提现，如图5-20所示。

07 在"我的钱包"界面，也可以清楚地看到"零钱"中的余额，如图5-21所示。

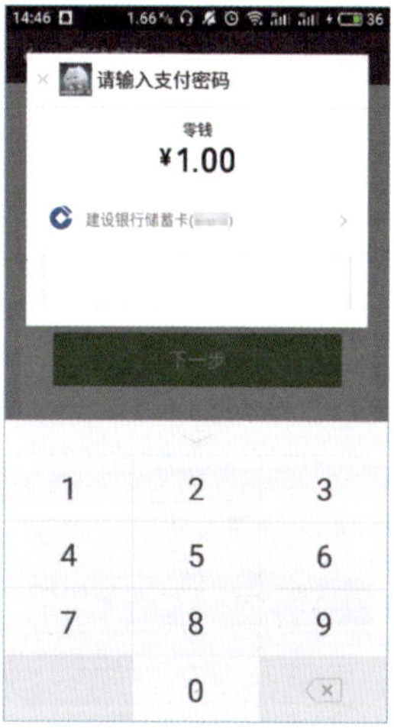

图 5-18

图 5-19

图 5-20

图 5-21

充值后，我们可以利用"零钱"中的余额进行消费，避免了付款时需要找零的麻烦。在需用现金的时候，也可以提现，将零钱中的余额退回银行卡，只是微信提现需收取一定的手续费，具体的操作步骤如下。

01　在"我的钱包"界面中，①点击"零钱"，如图5-22所示。

02　②在"零钱"界面中点击"提现"按钮，如图5-23所示。

图 5-22

图 5-23

03　在"零钱提现"界面中点击"提现金额"，③输入提现金额，此时会自动扣除手续费。④点击"提现"按钮，如图5-24所示。

04　在弹出的对话框中，输入微信支付密码即可提现，提现两小时内到账，如图5-25所示。

05　在"我的钱包"界面中，可以看到零钱的余额已经减少，如图5-26所示。

图 5-24 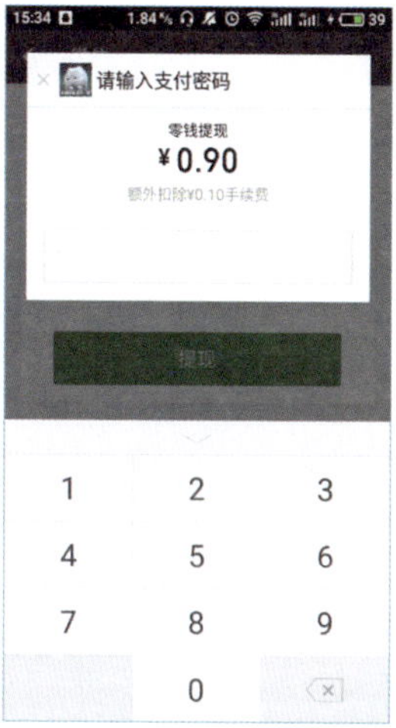　　　　　　　　　图 5-25 　　　　　　　　　图 5-26

零钱明细

　　"零钱明细"是指零钱收入与支付的记录。查看零钱明细，即查看微信支付的流水账，使往来账目一目了然。查看零钱明细的操作步骤如下。

01　在"我的钱包"界面中，①点击"零钱"，如图5-27所示。

02　在"零钱"界面中，②点击右上角的"零钱明细"，如图5-28所示。

03　查看零钱所有的支出与收入情况，如图5-29所示。

图 5–27　　　　　　图 5–28　　　　　　图 5–29

5.1.3　收付款，扫码就能做生意

在使用现金支付时，总会出现找零钱的麻烦。使用微信付款，既不会为钱包带来负担，又能快速支付无须找零。

付款

付款是指结账时出示支付码，商家扫描后，直接输入付款金额。具体的操作步骤如下。

01　①在微信主界面中点击"我"，②再点击"钱包"，如图5-30所示。

02　③在"我的钱包"界面中点击"收付款"，如图5-31所示。

03　④在"收付款"界面中点击"立即开启"按钮，如图5-32所示。

图 5-30 　　　　　　　　图 5-31 　　　　　　　　图 5-32

04 输入支付密码，以确认身份，如图5-33所示。

05 输入密码后，⑤在弹出的对话框中，点击"知道了"按钮，如图5-34所示。

06 接下来支付码就生成了。支付码不是一成不变的，每隔一段时间会自动生成新的支付码，这是为了保护我们的账户安全，避免被他人利用支付码盗取银行卡或"零钱"中的余额，如图5-35所示。

　　付款的时候可以用微信钱包中的零钱支付，当"零钱"中的余额不足，我们又忘记充值的时候，可以用银行卡来付款，具体的操作步骤如下。

01 在"收付款"界面点击"零钱"，可选择支付方式，如图5-36所示。

02 在弹出的界面中，可以选择用零钱付款或银行卡付款，如图5-37所示。

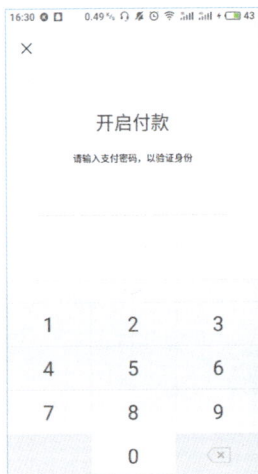

图 5-33

图 5-34

图 5-35

图 5-36

图 5-37

收款

　　收款是指别人扫我们的收款二维码向我们付款。付款多用于开店或做小生意的商家。许多中老年朋友在家闲不住，于是开个小店打发时间。但是假钞等问题防不胜防，使用微信二维码收款就可以很好地解决这些问题。

01　在"收付款"界面中，点击"二维码收款"，如图5-38所示。

02　在"二维码收款"界面中，会出现一个专属于自己的收款二维码，这个二维码不会改变，如图5-39所示。

图 5-38　　　　　　　图 5-39

　　打开收款二维码后，让顾客扫描就可以付款。例如卖油条，售价是一样的，但每次顾客付款的时候都要询问价格，然后再输入相同的金额，过程重复又耽误时间。设置金额就是当顾客扫码的时候，弹出设置好的付款金额，我们也无须担心收款的账目对不上了，具体的操作步骤如下。

01 ①在"二维码收款"界面中点击"设置金额"，如图5-40所示。

02 输入收款金额，②点击"确定"按钮，如图5-41所示。

03 设置好收款金额后，顾客扫码都会支付设置好的金额。若想取消设置金额，③点击"消除金额"即可，如图5-42所示。

图 5-40 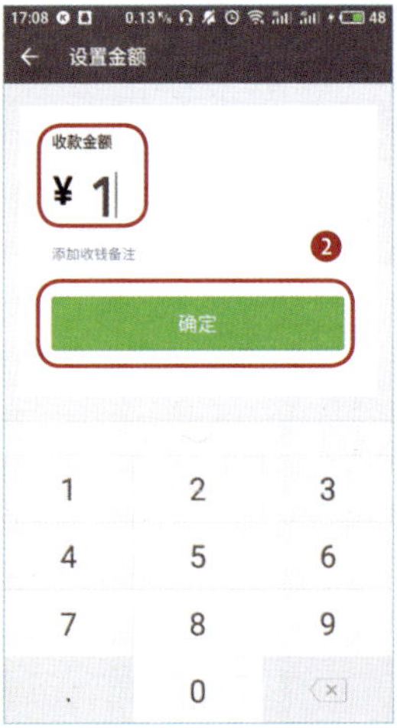   图 5-41    图 5-42

　　如果将收款码保存在手机中，每次收钱的时候都要拿出手机给别人扫描，不仅忙不过来，效率也低。我们可以把收款码打印在一张纸上，这样只要别人扫纸张上的二维码就可以付款了，具体的操作步骤如下。

01 ①在"二维码收款"界面中点击"保存收款码"，如图5-43所示。

02 ②在弹出的对话框中点击"保存收款码"，收款码就保存在手机相册中了，只要打印出来就能使用，如图5-44所示。

图 5-43

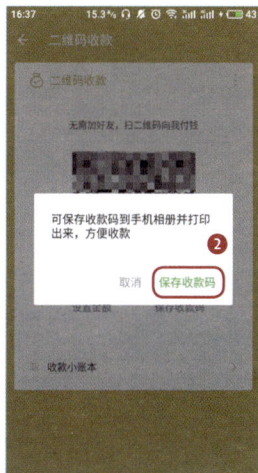

图 5-44

许多人都有记账的习惯，记录每天的收入和支出情况，可以清楚地了解资金的去向。结束一天的营业之后，微信可以查看一天内的所有收款记录，再也不用手写记录了。查看收款的操作步骤如下。

01 ①在"二维码收款"界面中点击"收款小账本"，如图5-45所示。

02 在"收款账本"界面中，②打开"收款语音提醒"功能。打开后，每收到一次款，手机就会播报收到的款项，如图5-46所示。

03 ③点击"收款记录"，如图5-47所示。

04 ④在"收款记录"界面中，可以看到所有的收款记录，如

图5-48所示。

图 5-45

图 5-46

图 5-47

图 5-48

　　结束营业之后，我们最关心的就是最终的收入。微信除了可以查看收款记录之外，还可以查看一天的收入总和，具体的操作步骤如下。

01　①在"收款小账本"界面中点击"收入统计"，如图5-49所示。

02　②在"收入统计"界面中可以查看一天的总收入，如图
　　　5-50所示。

图 5-49

图 5-50

有时候生意忙不过来，没有时间确认收款的具体数目，此时可以添加店员收款通知。添加后，新加的人也可以接收收款通知，还能查看当天的收款详情，具体的操作步骤如下。

01　①在"收款小账本"界面中，向上滑动，找到并点击"添
　　　加店员收款通知"，如图5-51所示。

02　②在"添加店员接收通知"界面中，点击"立即添加"按
　　　钮，之后选择添加的店员就可以了，如图5-52所示。

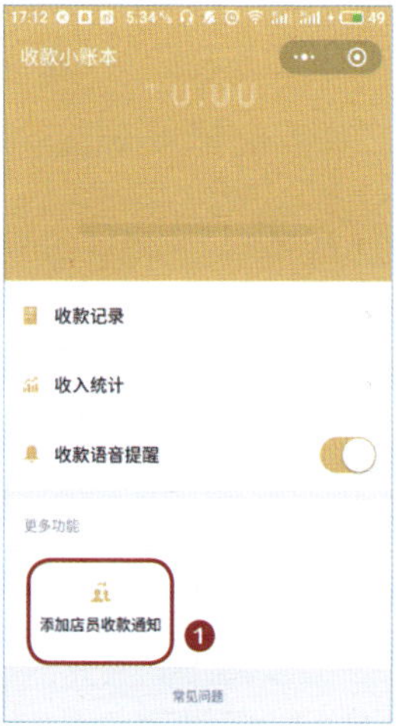

图 5-51

图 5-52

许多中老年朋友在使用收付款的过程中会遇到一些问题，其实这些问题在小账本中就有解答，不用询问他人就能知晓答案。

01 ①在"收款小账本"界面中点击"常见问题"，如图5-53所示。

02 在弹出的界面中，有使用收款时的一些常见问题，点击即可查看官方答案。如果常见问题不能解决我们的疑惑，②点击"咨询客服"，可以在线向客服寻求答案，如图5-54所示。

图 5-53　　　　　　　　　图 5-54

小提示：要注意，微信借钱先确认

随着微信的推广，越来越多的人开始使用微信聊天、发朋友圈、看公众号、收付款等。微信已经和我们密不可分，甚至一些隐私信息（例如银行卡信息）也在微信上有所记录，因此，确保微信的安全至关重要。

除此之外，我们个人也要提高警惕，在和朋友聊天的过程中，我们会无意识地点击对方发来的链接，在不知不觉间，手机的信息就会被盗取。诈骗分子根据聊天记录模仿朋友或家人的语气跟我们聊天，在我们放松警惕时提出借钱等要求。遇到这种情况，要马上提高警惕，向本人打电话确认是否情况属实，若属实，再转钱；若不属实，告诉对方微信被盗，将微信账号冻结。总之，碰到对方忽然借钱的情况，一定要提高警惕，不能第一时间把钱借出去！

5.2 微钱包，便民项目也不少

以前的水电费都有专人上门收取，现在则需要自己去银行缴纳。缴费的时候，往往要排很久的队，既费时间又费精力。有了微信之后，微信钱包可以直接转账，交付水电费、电话费，查询"五险一金"，网上挂号等，不需要跑到银行去排队，既省了时间，又能避免在排队时可能出现的各种意外。

5.2.1 玩红包，收发自如有诀窍

红包是在微信上使用的一种转账方式，可以对单人、多人、群发放红包，红包的金额自定，从绑定的银行卡或"零钱"中扣除。抢到的红包会自动存到"零钱"中，可用来消费，也可提现。收发红包是微信必不可少的"游戏"之一。

发红包

红包分为普通红包和拼手气红包。发给单人的时候，因为是发给指定人的，所以是普通红包；发给群的时候，分为普通红包和拼手气红包。发送普通红包，群中每个人都收到固定金额；发送拼手气红包，每人抽到的金额随机。以下是发送红包的具体操作步骤。

01 打开与好友的聊天界面，①点击右下角的 ＋ 图标，如图5-55所示。

02 在弹出的界面中，②点击"红包"，如图5-56所示。

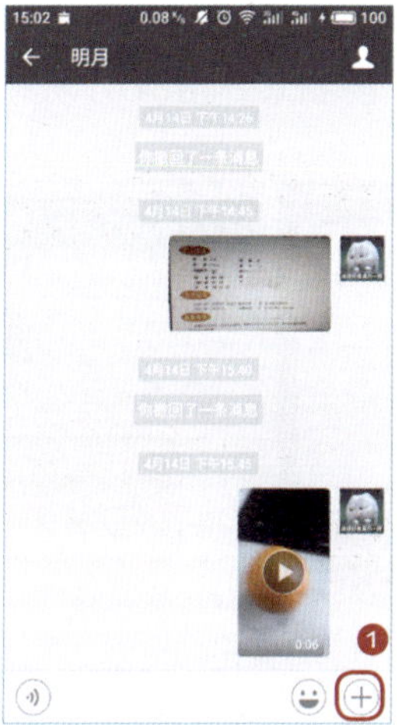

图 5-55 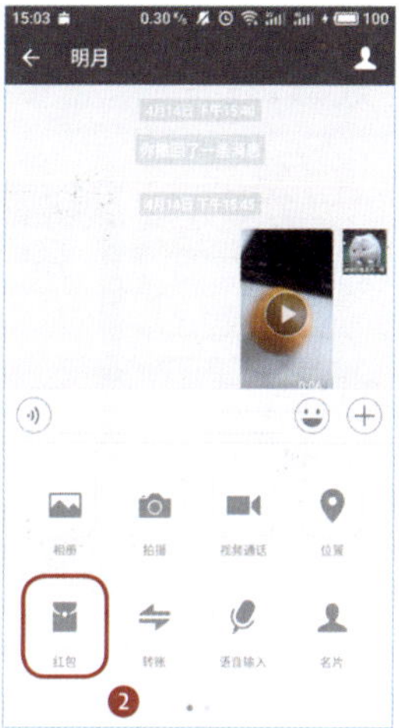　　　　　　　　　　　图 5-56

03 在"发红包"界面，③点击"单个金额"，输入发送的红包金额，一般是0.01~200元，单个红包不能超过200元。④点击"留言"，输入发送红包时的留言，如果不留言，则默认"恭喜发财，大吉大利"。设置完成后，⑤点击"塞钱进红包"，如图5-57所示。

04 在弹出的对话框中，输入支付密码，可以选择零钱支付也可以选择银行卡支付，如图5-58所示。

05 现在红包就发送成功了，对方点击即可领取，如图5-59所示。

　上述是发给个人的红包，下面介绍群发红包的方法。

01 打开群聊天界面，①点击右下角的⊕图标。②在弹出的界面中点击"红包"，如图5-60所示。

02 在"发红包"界面，③点击"总金额"，输入发送的总金额。点击"红包个数"，④输入发送的红包个数。设置完成后，⑤点击"塞钱进红包"按钮，如图5-61所示。

图 5-57　　　　图 5-58　　　　图 5-59

03 输入支付密码即可发送红包了，如图5-62所示。

图 5-60　　　　图 5-61　　　　图 5-62

发送红包的时候要确认是拼手气红包还是普通红包，二者可以相互转换，具体的操作步骤如下。

01 在"发红包"界面，①点击"改为普通红包"，即可从拼手气红包转为普通红包，如图5-63所示。

02 现在就是普通红包了，如果想转为拼手气红包，②点击"改为拼手气红包"即可，如图5-64所示。

图 5-63

图 5-64

当我们要发的红包超过200元的时候，可以使用转账功能。红包的上限是200元，而转账则无此限制。在微信群不能转账，只能转账给个人。转账的具体操作步骤如下。

01 打开与好友的聊天界面，①点击右下角的 ⊕ 图标。②在弹出的界面中点击"转账"，如图5-65所示。

02 ③在"转账"界面点击"转账金额"，输入转账金额，④然后点击"转账"按钮，如图5-66所示。

图 5-65 　　　　　　　　　　　图 5-66

03 在弹出的对话框中，输入支付密码，如图5-67所示。

04 现在就转账成功了，如图5-68所示。

图 5-67 　　　　　　　　　　　图 5-68

收红包

我们会给好友发红包，也会收到对方发来的红包，当对方发来红包的时候，点击即可领取。收红包的具体操作步骤如下。

01　①点击对方发来的红包，如图5-69所示。

02　在打开的红包界面中，②点击"开"图标，即可查看收到的红包金额，如图5-70所示。

03　现在就领取了好友发来的红包，领取的红包已存入零钱，可直接用于消费，如图5-71所示。

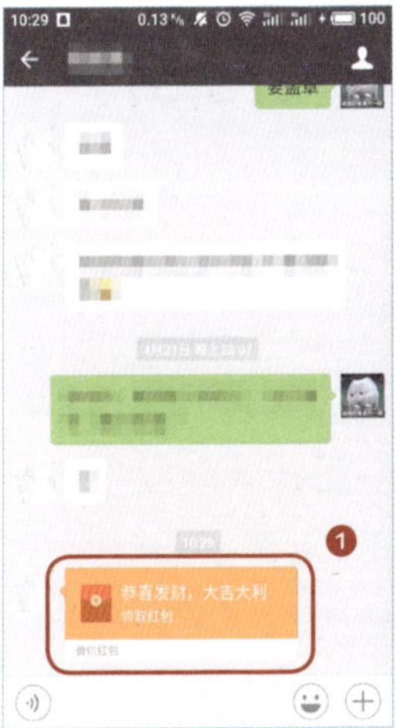

图 5-69 　　　　　　　图 5-70 　　　　　　　图 5-71

红包要及时领取，如果红包超过 24 小时未被领取，将会被退回对方的微信"零钱"中。

收到的红包会自动存到"零钱"中，随时可以使用。那么，我们怎么知道总共收到了多少钱呢，红包明细记录了收红包的账目，查看红包明细的操作步骤如下。

01 打开"发红包"界面，①点击右上角的 ⋮ 图标，如图5-72所示。

02 在弹出的菜单中，②点击"红包记录"，如图5-73所示。

03 现在就可以查看一年收到的红包明细了，③点击"2018年"可以查看其他年份的红包明细，如图5-74所示。

图 5-72

图 5-73

图 5-74

收红包提醒

　　我们不可能每时每刻都在使用微信，微信好友发红包的时间也不确定，最后的结果就是可能抢不到红包。微信可以设置红包助手，当对方发红包的时候，手机会有提示，并且自动跳转到红包界面，设置完成后，就再也不用担心错过红包了，具体的操作步骤如下。

01 在手机主界面中，①点击"设置"图标，如图5-75所示。

02 在"设置"界面中向上滑动，②找到并点击"辅助功能"，如图5-76所示。

03 在"辅助功能"界面，③点击"红包助手"，如图5-77所示。

图 5–75 　　　　　　　　图 5–76 　　　　　　　　图 5–77

04 在"红包助手"界面，④点击"红包助手"右侧的开关按钮，点亮后，手机会以特有的方式提示有新红包。⑤打开"极速抢红包"右侧的开关按钮，点亮后收到红包会自动进入红包聊天界面，点击即可打开红包。若想设置收到红包后手机发出的提示音，⑥点击"新红包提示音"，如图5-78所示。

05 在"新红包提示音"界面中，选择新红包的提示音，如图5-79所示。

图 5-78

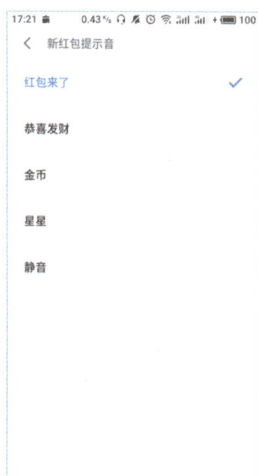

图 5-79

◯ 5.2.2　惠服务，缴费充值很快速

排队缴费是让人很头疼的事情，无论是手机充值还是生活缴费，都要出门到营业厅或银行办理。遇到人多的时候，不仅耽误时间，也影响了我们的日常生活。现在，不用出门就能在微信上完成各种缴费，为生活带来了极大的便利！

手机充值

手机充值就是通过微信给手机缴纳电话费。交话费是每个月必须缴纳的一项家庭支出，有了"手机充值"功能后，可以随时随地查话费、交话费，既不用出门缴费，也不用担心来不及交话费而耽误手机的使用。手机充值的操作步骤如下。

01　①在微信主界面中点击"我"，②然后点击"钱包"，如图5-80所示。

02　③在"我的钱包"界面中点击"手机充值"，如图5-81所示。

03 在"手机充值"界面中，④填入需要充值的手机号码，
⑤选择要充值的金额，上面的30元代表充值30元话费，
下面的"售价29.97元"，表示充30元话费只需支付29.97
元，如图5-82所示。

图 5-80   图 5-81   图 5-82

04 在弹出的对话框中输入支付密码，如图5-83所示。

05 支付成功后，⑥点击"完成"按钮即可，如图5-84所示。

06 在微信主界面，可以看到手机充值成功的通知，如图
5-85所示。

Q 币充值

Q 币是由腾讯公司推出的，仅用于兑换腾讯公司直接运
营的产品和服务的一种虚拟货币。Q 币不能兑换现金，不能
进行转账交易，也不能兑换腾讯公司体系外的产品和服务。
Q 币充值的具体操作步骤如下。

图 5-83　　　　　　　图 5-84　　　　　　　图 5-85

01　①在"我的钱包"界面中点击"Q币充值"，如图5-86所示。

02　在"腾讯充值"界面中，选择要充值的金额，1Q币1元钱，②点击"立即充值"按钮，如图5-87所示。

图 5-86

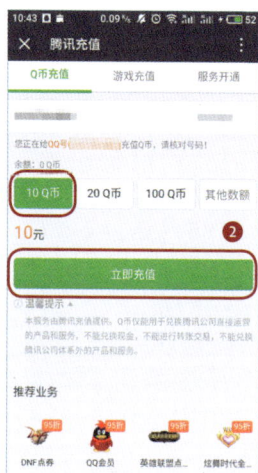

图 5-87

生活缴费

生活缴费包括水电费、宽带费、有线电视费等。这些费用经常会忘记缴纳，但在生活中又必不可少。有了微信，随时随地可以网上缴费，再也不用担心缴费的问题了，具体的操作步骤如下。

01 ①在"我的钱包"界面中点击"生活缴费"，如图5-88所示。

02 在"生活缴费"界面中，可以看到一些常规的缴费项目。当我们需要缴纳某一项费用时，例如水费，②直接点击"水费"，如图5-89所示。

图 5-88

图 5-89

03 在"生活缴费"界面中，③选择缴费机构，如图5-90所示。

04 ④填写用户编号，⑤点击"查询账单"按钮，可以查看缴费记录并缴纳水费，如图5-91所示。

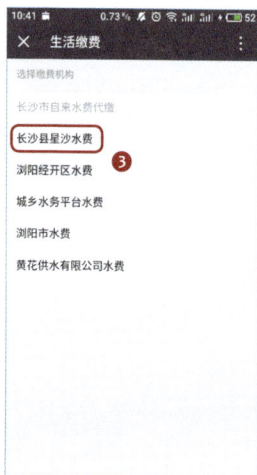

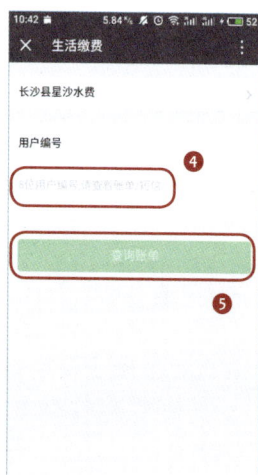

图 5-90   图 5-91

　　如果在缴费的过程中遇到问题，可以直接在帮助中心找到官方答案，具体的操作步骤如下。

01 在"生活缴费"界面中，①点击底部的"帮助中心"，如图5-92所示。

02 在"微信支付生活缴费"界面中，有微信缴费的常见问题，点击即可查看官方答案。若列表中没有我们遇到的问题，②可点击"联系客服"，在线咨询客服人员，如图5-93所示。

5.2.3 优生活，社保信息轻松查

　　"五险一金"是每个人都会关心的问题，无论是自己还是家人，都希望自己的社会权益能够得到保障。但许多中老年朋友不知道去哪里查询，导致不能很好地维护自己的权益。下面介绍怎样在微信上查询"五险一金"。

图 5-92

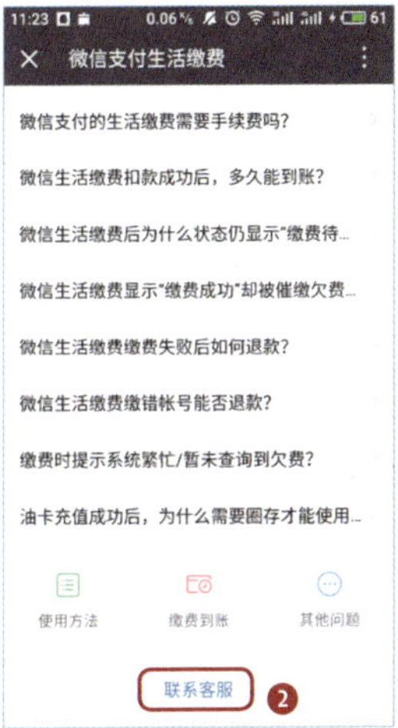

图 5-93

社会保险

社会保险包括养老保险、医疗保险、失业保险、工伤保险和生育保险。这些保险都是重要的社会保障，我们要按时缴纳相应的费用，然后享受社会福利。查看社会保险的具体操作步骤如下。

01 ①在微信主界面中点击"我"，②点击"钱包"，如图5-94所示。

02 在"我的钱包"界面中，③点击"城市服务"，如图5-95所示。

03 ④在"城市服务"界面中点击"社保"，打开后，手机会自动定位到所在城市，如图5-96所示。

04 在"社保"界面中会显示当地的社会保险单位，⑤选择要查询的社保，如图5-97所示。

05 在"城市服务"界面中，显示了社会保险的一系列相关信息，点击即可查看，如图5-98所示。

图 5-94

图 5-95

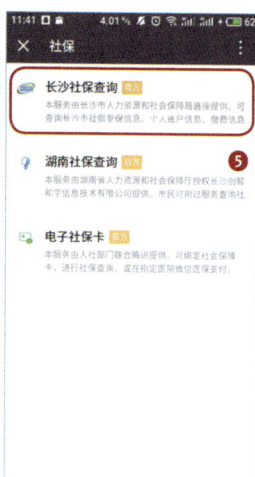

图 5-96

图 5-97

图 5-98

住房公积金

　　住房公积金是指国家机关、国有企业、城镇集体企业、外商投资企业、城镇私营企业及其他城镇企业、事业单位、民办非企业单位、社会团体及其在职职工缴存的长期住房储金。住房公积金可用于购、建、大中修自有住房；偿还用于本人住房方面的贷款；支付本人分摊房租中超过本人工资的5%的部分；退休时，可以一次结清并支取全部住房积金余额。查看住房公积金的操作步骤如下。

01　在"城市服务"界面中点击"公积金"，如图5-99所示。

02　在弹出的界面中，可以查看当地的住房公积金及相关信息，如图5-100所示。

图 5-99

图 5-100

5.2.4　保健康，网上挂号免奔波

　　健康是每个人都想追求的，但是生病的时候也不能讳疾忌医，必须到正规的医院进行检查和治疗。而医院最显著的特点就是"挂号难"。去医院的人都希望尽快就诊，医治好身体，如果长时间排队会让人感到心烦气躁，对身体反而不好。

因此，能够网上预约挂号、无须长时间排队，无论是对正常体检还是看病医疗，都是一件很好的事情。

挂号平台

　　挂号平台可以预约挂号，预约成功后，去医院无须排队挂号，可直接就诊，节约了时间，使看病变得"简单"，预约挂号的具体操作步骤如下。

01　①在微信主界面中点击"我"，②然后点击"钱包"，如图5-101所示。

02　③在"我的钱包"界面中点击"城市服务"，如图5-102所示。

图 5–101

图 5–102

03　④在"城市服务"界面中点击"挂号平台"，如图5-103所示。

04　在弹出的界面中，显示当地可网上挂号的医院，⑤点击"预约挂号"，如图5-104所示。

05 ⑥ 选择好医院和科室后，就会出现该科室的医生选项，点击需要就诊的医生即可预约挂号，如图5-105所示。

图 5-103

图 5-104

图 5-105

公立医院

　　公立医院是指政府创办的纳入财政预算管理的医院，也就是国营医院。公立医院体现公益性，解决基本医疗，缓解人民群众看病就医的困难。当出现"看病难"的时候，可预约公立医院得到更好的治疗。预约公立医院的操作步骤如下。

01 在"城市服务"界面中点击"公立医院"，如图5-106所示。

02 在弹出的界面中，显示可在线预约的公立医院。在此界面中，可以预约挂号、查看报告、缴费等，如图5-107所示。

图 5-106

图 5-107

体检服务

随着年龄的增长，罹患某些疾病的机会也会增加。体检是每个年龄段的人都应该做的，可预防疾病，提前治疗，降低疾病对我们的伤害。在手机上预约体检服务，不让家人担心，也可以让自己拥有一个健康的身体。预约体检的操作步骤如下。

01 在"城市服务"界面中点击"体检服务"，如图5-108所示。

02 在此界面可以预约体检，如图5-109所示。

"体检预约"就是在网上预约身体检查，预约成功后，去医院直接体检，不需要排队。

"体检订单"是我们预约体检的记录，预约了几次和预约时间都可以在体检订单中查看。

　　"报告查询"中可以查看体检报告，不用等待医院打印即可提前查看。

图 5-108

图 5-109

> **小提示：请慎重，交易之前看清楚**
>
> 　　在微信钱包的收付款中，有一个向商家付款的功能。当我们在商家消费的时候，只要提供此功能中的付款条码或者二维码即可。不需要支付密码，商家通过扫描用户的条码或者二维码即可完成交易。
>
> 　　当我们开通微信支付付款码服务后，付款金额不足1000 元（在商户列表中的商户消费时，单笔付款金额不足 3000 元）的交易时，无须验证支付密码或者其他交易指令，即可完成支付。而完成从扫描到支付只需短短几秒钟，所以一旦被骗，钱财将很难追回。
>
> 　　这种支付方式比较便捷、省事、省时，但是存在很多

风险。一旦我们的手机被植入了病毒或者恶意软件，就会有被盗刷的可能；如果不小心手机丢失，被任何人拾到后，拿着拾到的手机，不需要任何密码就可以进行消费支付。密码是保障个人资金安全的，所以一定要关闭任何的免密码支付功能。

　　为了安全，在支付时要先向商家确认，避免扫错二维码，在生活中看到一些小广告上出现的二维码也不要随意扫描。以下是关闭免密码支付功能的操作步骤。

01　①在微信主界面中点击"我"，②然后点击"钱包"，如图5-110所示。

02　③在"我的钱包"界面中点击"收付款"，如图5-111所示。

03　④在"收付款"界面中点击右上角的 ⋮ 图标，如图5-112所示。

图 5-110

图 5-111

图 5-112

04 ⑤在弹出的菜单中点击"暂停使用"，如图5-113所示。

05 ⑥在弹出的对话框中点击"暂停使用"，如图5-114 所示。

06 现在免密码支付功能就关闭了，如图5-115所示。

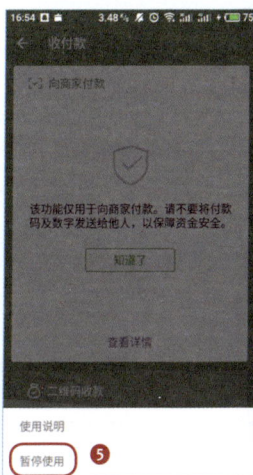

图 5-113

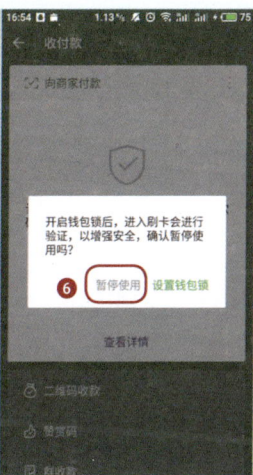

图 5-114

图 5-115

5.3　微管理，个人财务要清晰

　　现在越来越多的理财项目兴起，许多人都开始关注理财投资。如何管理好自己的个人财务成了一个大难题，尤其是对手机理财不熟悉的中老年朋友来说，虽然他们拥有更丰富的人生阅历，但是由于对一些新兴的事物比较陌生，所以在选择、判断时存在许多困难。

其实，要想管理好自己的个人财务也很简单，无外乎是开源节流，在生活中控制好消费，做一定的投资，保证"有进有出"，而这些在微信上都能实现。

🔵 5.3.1　网络购，京东优选同城送

许多中老年朋友都喜欢在超市、商店中购物，因为这些地方的商品既齐全有实惠，但是这些地方往往很拥挤，排队结账的时候也要等待很长时间，在着急或赶时间的情况下，超市就不能很好地满足我们的需求了。

现在，网上购物变得流行起来，在网上购物，无须出门即可买到全国各地的商品。"京东"是一家自营式购物网站，商品齐全，价格实惠，全国很多地方都有仓库。在"京东"买东西，很快就能送达，为网上购物提供了很大的便利。

01　①在微信主界面中点击"我"，②然后点击"钱包"，如图5-116所示。

02　③在"我的钱包"界面中点击"京东优选"，如图5-117所示。

03　在弹出的"免责声明"对话框中，④点击"知道了"，如图5-118所示。

04　⑤在"京东购物"主界面中点击搜索框 Q ，输入要购买商品的名称，如图5-119所示。

05　输入产品名称后，⑥点击"搜索"按钮，如图5-120所示。

图 5-116　　　　图 5-117　　　　图 5-118

图 5-119　　　　　　　　图 5-120

06 在"搜索"界面中会出现一系列符合搜索条件的产品，可以根据销量、价格、品牌等条件对产品进行排序，⑦找出心仪的商品，如图5-121所示。

07 在"商品详情"界面，罗列了商品的详细信息，可以增加我们对产品的了解，如果对该商品满意，⑧可先点击"加入购物车"按钮。⑨点击"购物车"图标，可以查看已经加入购物车的商品，如图5-122所示。

08 在"购物车"界面，可以查看所有加入购物车的商品。若决定购买某件商品，选择该商品，⑩点击"去结算"按钮，即可购买该商品，如图5-123所示。

图 5-121

图 5-122

图 5-123

◑ 5.3.2   查记录，交易项目可掌握

许多中老年朋友有时会疑惑，微信中的零钱到哪里去了。其实无论是消费，还是发红包、转账，在手机中都会有记录。学会查看交易记录，就可以了解资金的去向，从此每一笔钱的去向都清楚明白，让花钱变得有条理，也可以更好地管理个人财务。

交易记录

交易记录就是收支明细。查看交易记录可清楚地了解资金的去向和来源，为记录账目提供了很大的方便，查看交易记录的操作步骤如下。

01　① 在微信主界面中点击"我"，② 然后点击"钱包"，如图5-124所示。

02　③ 在"我的钱包"界面中点击右上角的 ▦ 图标，如图5-125所示。

图 5-124

图 5-125

03　④ 在"支付中心"界面中点击"交易记录"，如图5-126所示。

04　在"交易记录"界面中，显示所有的交易记录，如图5-127所示。

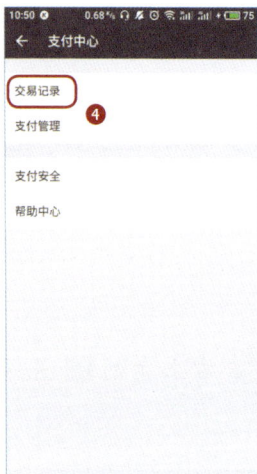

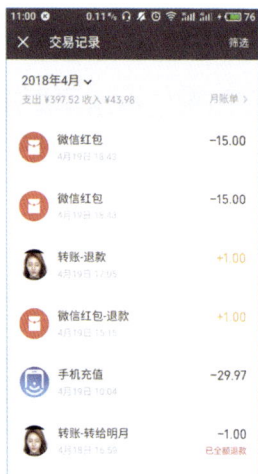

图 5-126　　　　　　　　　图 5-127

　　交易记录显示的是所有时间的交易记录，可以查询具体某一天的交易记录，具体的操作步骤如下。

01　①在"交易记录"界面中点击交易时间，如图5-128所示。

02　在弹出的界面中，选择具体日期，②点击"确定"，即可查看那一天的交易记录，如图5-129所示。

　　除了可以查看某一天的交易记录，还可以查看总支出和总收入，即月账单，就像每月月底的结算，了解是每月总支出多还是总收入多。以下是查看月账单的具体操作步骤。

01　①在"交易记录"界面中点击"月账单"，如图5-130所示。

02　②在"月账单"界面中可点击"收入"或"支出"，查看本月的总收入或总支出，如图5-131所示。

图 5-128

图 5-129

图 5-130

图 5-131

　　我们还可以查看某一项交易的具体记录，了解在该交易类型上的收入与支出，查看某一个具体交易记录的操作步骤如下。

01　①在"交易记录"界面中点击"筛选"，如图5-132所示。

02 在弹出的菜单中，② 选择交易类型，如图5-133所示。

03 现在即可查看该类型的交易记录了，如图5-134所示。

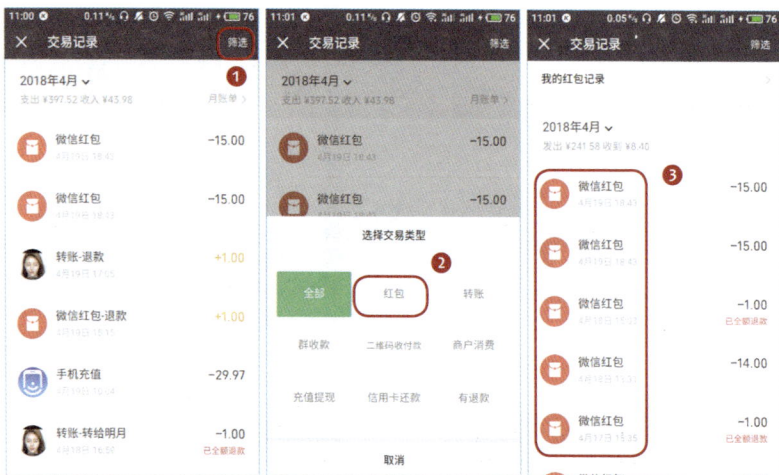

图 5-132　　　　　图 5-133　　　　　图 5-134

支付管理

如果我们忘记或想要修改支付密码，在"支付管理"中就可以实现。在此界面中，我们还可以查看转账到账时间和注销微信支付，具体的操作步骤如下。

01 在"支付中心"界面中点击"支付管理"，如图5-135所示。

02 在"支付管理"界面中，可修改支付密码，当忘记支付密码时，还可以在这里找回，如图5-136所示。

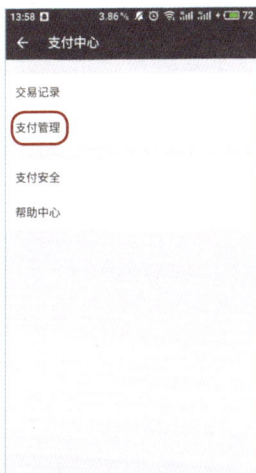

图 5–135　　　　　　　　图 5–136

支付安全

　　"支付安全"是指手机支付时的安全性。如果支付时不小心泄露了支付密码，微信零钱和绑定银行卡中的余额就可能被盗用，因此，确保手机的支付安全是十分有必要的，具体的操作步骤如下。

01　在"支付中心"界面中点击"支付安全"，如图5-137所示。

02　在相应的界面中，可以启用数字证书和钱包锁，以保护钱包、提升支付安全度，如图5-138所示。

帮助中心

　　帮助中心可以解答我们在支付过程中遇到的问题。如果遇到任何有关于微信支付的问题，都可以在"帮助中心"中寻求答案，具体的操作步骤如下。

01　①在"支付中心"界面中点击"帮助中心"，如图5-139所示。

02 在"帮助中心"界面罗列了一些关于支付的常见问题，点击相应问题即可查看官方答案。若问题没有解决，②可点击"联系客服"，在线咨询客服人员，如图5-140所示。

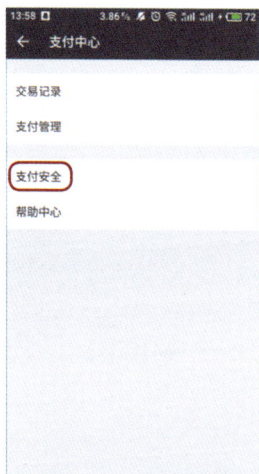

图 5-137

图 5-138

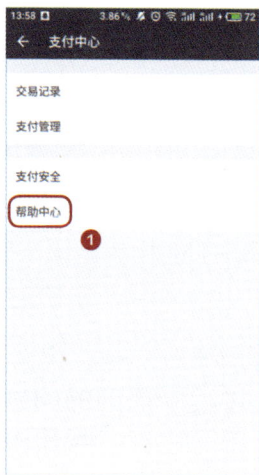

图 5-139

图 5-140

5.3.3　购保险，保险服务可参考

保险服务是指保险公司为社会公众提供的一切有价值的活动。保险服务包括提供保险保障、咨询与申诉、防灾防损、契约保全、附加价值服务等。购买保险可以赔偿被保险人的经济损失，减少经济危害，增强风险管理意识，在受到危害时及时转移风险。在灾害发生后，保险人及时的补偿功能对于恢复正常生产生活具有重大的意义。购买保险的操作步骤如下。

01　① 在微信主界面中点击"我"，② 然后点击"钱包"，如图 5-141 所示。

02　③ 在"我的钱包"界面中点击"保险服务"，如图 5-142 所示。

图 5-141

图 5-142

03　在打开的界面中，有住院医疗、重疾保障、驾乘意外险，三个险种，可以根据自己的需要购买，④ 例如点击"住院

医疗"，如图5-143所示。

04 在"微医保"界面中，⑤点击"立即投保"按钮即可购买保险。若遇到任何问题，⑥可以点击"在线客服"，向客服人员咨询，如图5-144所示。

05 ⑦点击"发现"，⑧再点击"我的社保"，如图5-145所示。

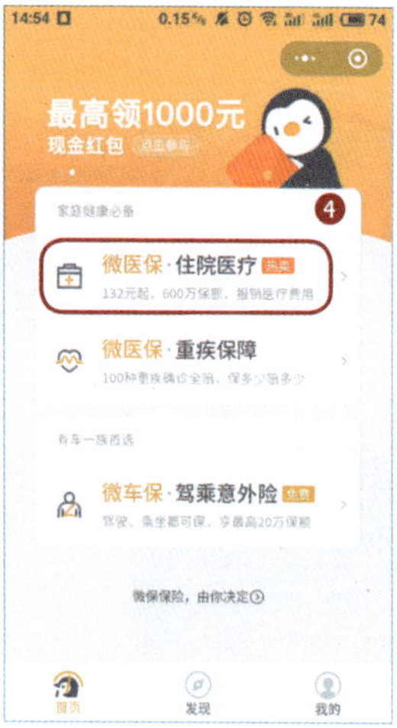

图 5-143 　　　　　图 5-144 　　　　　图 5-145

06 在"我的社保"界面中，可利用社保卡余额购买保险，也能查询社保卡的状态，如图5-146所示。

07 ⑨点击"我的"，⑩然后点击右上角的头像，如图5-147所示。

08 在"个人信息"界面，⑪点击"实名认证"右侧的"马上认证"，完成身份认证，以确保能够顺利购买保险，如图5-148所示。

图 5-146　　　　　　　图 5-147　　　　　　　图 5-148

5.3.4　理财通，闲钱可以获收益

　　现在，很多人都愿意用存款做各种投资理财，而不是单纯地存在银行。相对而言，定期理财的理财产品相比股票和基金波动更小、更稳健，是一种适合新手入门、懒人理财的产品。微信理财通就是这样的一款产品，它是腾讯官方的理财平台，定期利率比银行高，风险也低，适合有闲钱、有意愿理财的人购买。理财通理财的操作步骤如下。

01　①在微信主界面中点击"我"，②然后点击"钱包"，如图 5-149所示。

02　③在"我的钱包"界面中点击"理财通"，如图5-150所示。

03　在"腾讯理财通"界面中会显示与腾讯官方合作的一些理财产品，如图5-151所示。

图 5-149　　　　　图 5-150　　　　　图 5-151

04 在"腾讯理财通"界面中向上滑动，显示随时可取、一月定期、一年定期等理财产品，直接点击即可购买，如图5-152所示。

05 ④在"腾讯理财通"界面中点击"理财"，⑤然后点击"稳健理财"。稳健理财中的产品，风险为中低程度，收益稳健，适合稳健型投资用户，如图5-153所示。

06 ⑥点击"基金专区"，其中的产品收益具有波动性，受股市、债市影响，购买须谨慎，如图5-154所示。

07 ⑦点击"我的"，在此界面可购买各种类型的理财产品。如需要帮助，⑧点击"帮助中心"，如图5-155所示。

08 在打开的界面中，显示常见的理财问题，点击即可查看官方答案，若未列出我们所遇到的问题，⑨点击"联系客服"，在线咨询客服人员，如图5-156所示。

图 5-152

图 5-153

图 5-154

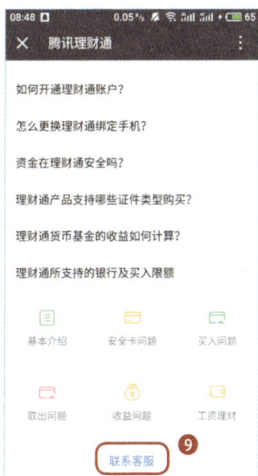

图 5-155

图 5-156

小提示：第三方，微信支付用途广

随着微信的普及，越来越多的人开始使用微信。在生活中，购物除了可以用现金支付，微信钱包也可以付款；在网络上，微信可以为我们的购物买单，例如在"饿了么"订购餐食，即可用微信付款。

微信支付的用途很广，目前，包括手机充值、购买电影票和彩票、收看互联网电视付费节目、图片打印、网上购物等功能都可以通过微信实现。

需要注意的是，因为业务竞争等原因，在一些网络平台上微信是不能使用的，例如在淘宝网购物时，淘宝网默认用支付宝支付，所以在淘宝网上购物不能使用微信付款。

第 6 章

多应用，智能生活享不停

📅 内容摘要

微出行，节约时间省流程

公众号，网络时代新玩法

小技巧，遇到问题自己办

滑动解锁

对于许多人来说，微信已经不仅是用来聊天交友的软件了，更多的是与我们的生活息息相关。通过微信，我们可以网上订购车票、酒店，不用排队预约；也可以查看、缴纳生活费用，不用出门缴费；还可以传输文件，不用担心文件丢失。微信已经进入我们的生活，并给我们带来了很多的便利。掌握微信，享受智能生活！

6.1　微出行，节约时间省流程 ⊕

随着经济的发展，人们的出行方式发生了巨大的变化。从前人们出行靠走路、牛车、马车；后来，有了自行车、汽车、绿皮火车；现在，只要手机预约，高铁、飞机随时出发。通过微信订购车票，不仅节约了时间，也免了排队购票的辛苦。学会手机购票，世界就在你脚下！

◐ 6.1.1　扫共享，锻炼骑行随处找

随着汽车数量的增加，城市道路越来越拥堵。除了公园、小区等公共场所，很少有能锻炼身体的户外场地。共享单车，指企业与政府合作，在校园、地铁站、公交车站、居民区、商业区、公共服务区等提供自行车共享服务的产品。共享单车除了能缓解道路拥挤，还可以锻炼身体，只要扫码就能使用，简单方便。骑共享单车是一种节约型、环保型的出行方式。

扫码开锁

共享单车的锁是没有钥匙的，可以通过微信扫描车身的二维码打开车锁，记录使用时间并缴纳费用。使用后，将车锁上，停止计费并缴费。扫码开锁的操作步骤如下。

01 ①在微信主界面中点击"我"，②然后点击"钱包"，如图6-1所示。

02 ③在"我的钱包"界面中点击"摩拜单车"，如图6-2所示。

03 ④在弹出的对话框中点击"允许"。这是因为当摩拜单车获取了我们的地理位置信息之后，可以显示附近的摩拜单车停放点，如图6-3所示。

图 6-1

图 6-2

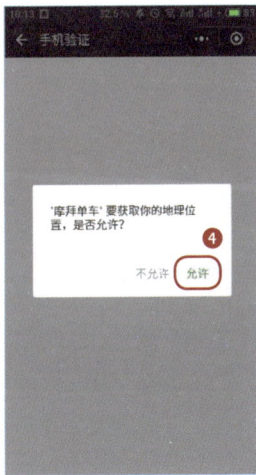

图 6-3

04 在"摩拜单车"界面，⑤点击底部的"注册/登录"按钮，如图6-4所示。

05 在"手机验证"界面，⑥点击"微信用户快速登录"按钮，直接使用微信账号登录，也可以使用手机号码重新注册，如图6-5所示。

06 ⑦在"信息授权"界面中点击"同意授权"按钮，如图6-6所示。

　　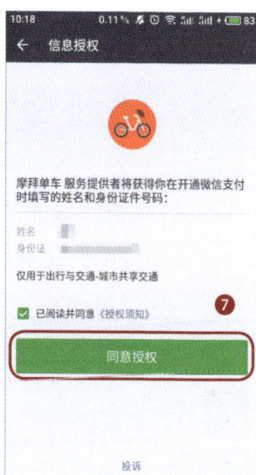

图 6-4　　　　　　图 6-5　　　　　　图 6-6

07 输入微信支付密码，以确认是本人操作，如图6-7所示。

08 现在充值即可使用摩拜单车。充值后，押金可退。由于我们是第一次使用，可选择免押金体验，即不交押金也可以使用摩拜单车，但次数有限。选好后，⑧点击"继续"按钮，如图6-8所示。

09 在"摩拜单车"界面，⑨点击"扫码开锁"按钮，将摄像头对准摩拜单车车上的二维码，即可开锁使用自行车，1元可骑半小时，如图6-9所示。

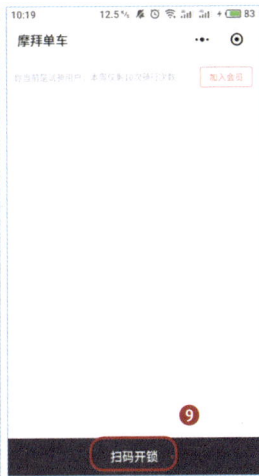

图 6-7　　　　　图 6-8　　　　　图 6-9

值得注意的是，由于摩拜单车是公共设施，使用的人比较多。我们在使用的时候，应先检查刹车、座椅等是否完好，防止出现意外。使用结束后，注意将自行车锁好，便于结账。

设置

"设置"可以对"摩拜单车"服务进行查看和管理，让我们能更好地使用摩拜单车，具体的操作步骤如下。

01　在"摩拜单车"界面，点击右下角的 👤 图标，如图6-10所示。

02　在打开的界面中，可查看摩拜单车的相关选项，如图6-11所示。

"我的钱包"可查看摩拜单车的余额和订单记录，在此界面中，可充值、提现，也可以支付订单。

"我的红包"是摩拜单车的专属红包，可以使用"摩拜单车"软件提现。

　　"摩拜商城"是摩拜开发的网上购物平台，"摩币"可在摩拜商城中兑换礼品。

图 6-10

图 6-11

　　"亲密账户"就是和家人或朋友使用同一个摩拜账号，对方使用摩拜单车同样使用这个账户付款。

报修

　　当摩拜单车有坏损或故障时，我们要及时进行报修，共同维护公共财产，也便于保证自己和他人的人身安全。报修的具体操作步骤如下。

01 在"摩拜单车"界面中①点击左下角的 🔧 图标，如图6-12所示。

02 在"车辆故障"界面中，选择损坏部位，②并点击"提交"按钮，此时会有专门的修护人员进行维护和检查，如图6-13所示。

图 6-12

图 6-13

6.1.2 打滴滴，提前预约免等待

"滴滴出行"是一款打车软件，乘客通过"滴滴出行"输入上车位置和目的地，附近的滴滴司机就会接单赶来，并和乘客取得联系。当我们急着出门，又等不到公交车或出租车的时候，就可以使用"滴滴出行"。使用"滴滴出行"不仅可以自行决定出行的方式，还可以节约时间，不用等待，为我们的出行提供了很大的便利。

打车

使用"滴滴出行"的第一步就是打车了。打车是指通过微信，在滴滴出行上预约车辆，预约成功后，滴滴汽车将会赶来。打车的操作步骤如下。

01 ①在微信主界面中，点击"我"，②然后点击"钱包"，如图6-14所示。

02 在"我的钱包"界面中向上滑动，③找到并点击"滴滴出行"，如图6-15所示。

03 ④在弹出的"免责声明"对话框中，点击"知道了"，如图6-16所示。

图 6-14

图 6-15

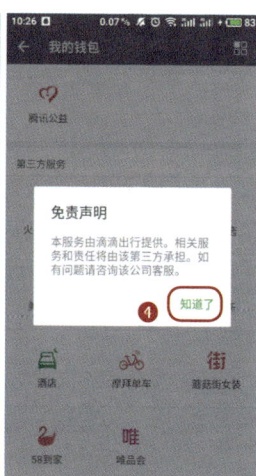

图 6-16

04 ⑤在弹出的对话框中点击"是"，允许"滴滴出行"获取我们的地理位置，这是为了司机能够快速找到我们。如果位置获取失败，则需手动输入上车地址，如图6-17所示。

05 现在，手机自动定位我们的位置，如图6-18所示。

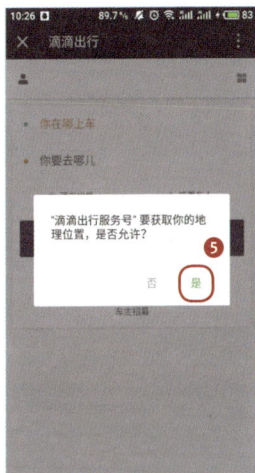

图 6-17

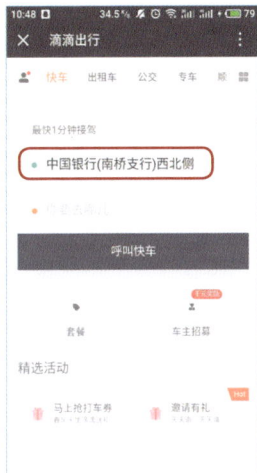

图 6-18

　　我们可以在"滴滴出行"中选择服务类型，具体的操作步骤如下。

01　在"滴滴出行"界面中，点击右上角的▦图标，如图6-19所示。

02　在相应的界面中，选择汽车的服务类型，如快车、专车、出租车等，如图6-20所示。

　　选好服务类型后，接下来就是输入最终地址了，具体的操作步骤如下。

01　①点击"你要去哪儿"，如图6-21所示。

02　在"滴滴出行"界面中，②输入目的地，如图6-22所示。

　　确定了目的地，我们还可以设定出发时间。自行决定出发时间，可以让我们合理安排时间，做好出行准备，以下是设置出发时间的具体操作步骤。

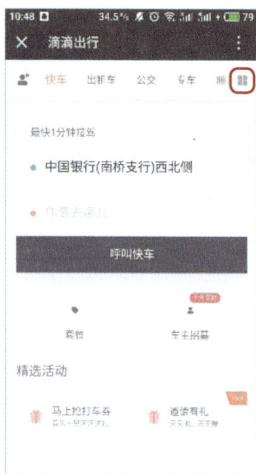

图 6-19

图 6-20

图 6-21

图 6-22

01 在"滴滴出行"界面，①点击"现在出发"，如图6-23所示。

02 在弹出的界面中上下滑动，选择出行时间，②点击"确定"。若想取消设定好的时间，③点击"取消"即可，如

图6-24所示。

图 6-23

图 6-24

如果我们预约了汽车，却又临时有事不能出行，碰巧身边的朋友又要用车，可以更换乘车人。更换乘车人的具体操作步骤如下。

01 在"滴滴出行"界面中，①点击"换乘车人"，如图6-25所示。

02 在弹出的对话框中，输入乘车人的联系电话，②然后点击"确定"按钮，如图6-26所示。

03 所有的信息填写完毕后，界面会显示符合要求的车辆，价格和类型都在其中，可按自己的需求选择车辆。选好车辆后，③点击"预约快车"按钮，即可预约车辆，之后等待司机打来电话即可，如图6-27所示。

图 6-25

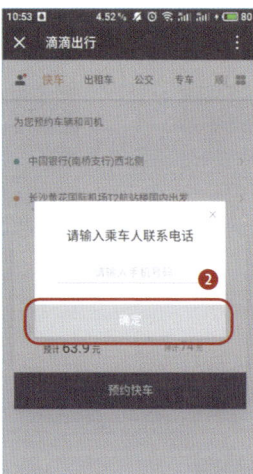
图 6-26

图 6-27

管理滴滴出行

　　管理"滴滴出行"服务即对"滴滴出行"功能进行设置，例如滴滴出行的订单、钱包等都在这里进行管理。管理"滴滴出行"服务的操作步骤如下。

01　①在"滴滴出行"界面中点击左上角的 ▣ 图标，如图6-28所示。

02　②在弹出的界面中点击"行程"，如图6-29所示。

03　在"我的行程"界面中，可查看滴滴出行的订单，若要取消订单，在此界面中取消订单即可，如图6-30所示。

　　查看订单后，我们还需要查询"滴滴出行"中的余额，避免余额不足无法付款，查看余额的具体操作步骤如下。

01　在管理界面中点击"钱包"，如图6-31所示。

图 6-28　　　　　　　图 6-29　　　　　　　图 6-30

02 在"我的钱包"界面可查看"滴滴出行"的余额，可充值和提现，还可查看滴滴出行的优惠券、滴币，以及打印发票等，如图6-32所示。

图 6-31

图 6-32

"滴滴出行"只是一款打车软件，但是它符合相关的法律法规，所以是一款合法的打车软件。查看法律条款的操作步骤如下。

01 在管理界面中点击"设置"，如图6-33所示。

02 在"设置"界面，可修改密码、查看用户指南、了解相关的法律条款等，如图6-34所示。

图 6-33

图 6-34

在使用"滴滴出行"的过程中，我们可能会遇到各种各样的问题，此时可以咨询"滴滴出行"的客服人员，根据给出的答案解决问题，具体的操作步骤如下。

01 ①在管理界面中点击"客服"，如图6-35所示。

02 在"客服中心"界面会罗列一些有关"滴滴出行"的问题，点击即可查看官方答案，如果该界面没有列出我们遇到的问题，②点击"在线客服"按钮，直接向客服人员咨询，如图6-36所示。

图 6-35

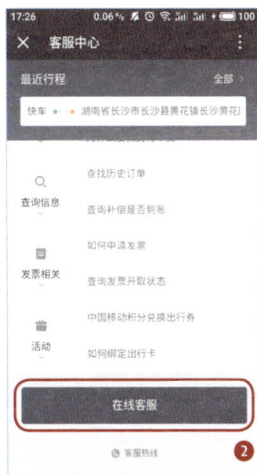

图 6-36

6.1.3 去旅游，购票订房一条龙

随着经济的发展，人们不只是追求物质生活，更多的是精神上的追求，所以旅游成了放松心情、调剂生活、增进家庭感情的一种方式。

孩子工作在外，老朋友远在外省，虽然衣食无忧，但在空闲之余不免感到寂寞。现在，有了网上购票订房，可以随时出发，叫上三两好友看看祖国的大好山河，尽情享受悠闲的退休生活。

购票

购票就是通过微信在手机平台上购买车票。通过微信购票，不仅可以在手机上查看所有车票的购买信息，还可以不用排队，在手机上即可下单订票，体会"在家即可出门"的感觉。具体的操作步骤如下。

01 ①在微信主界面中点击"我"，②然后点击"钱包"，如图6-37所示。

02 ③在"我的钱包"界面中点击"火车票机票"，如图6-38所示。

03 在弹出的"免责声明"对话框中，④点击"知道了"，如图6-39所示。

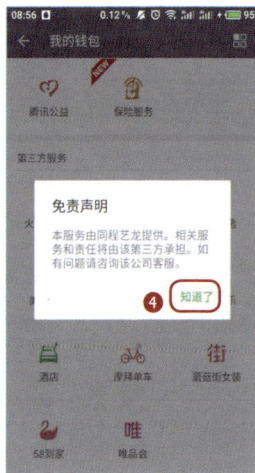

图 6-37   图 6-38   图 6-39

04 在"同程艺龙"界面中，可选择火车票、机票、汽车票或船票。⑤点击出发地址，可输入出发的城市，如图6-40所示。

05 在相应的界面中输入出发地点即可，目的地的输入方法相同，如图6-41所示。

06 ⑥点击时间，选择出发的具体时间，如图6-42所示。

图 6-40　　　　　　图 6-41　　　　　　图 6-42

07 在相应的界面中，直接选择要出发的时间即可，如图 6-43所示。

08 设置好时间和地点之后就可以开始购票了。如果要购买高铁或动车票，⑦则选中"高铁/动车"，只购买普通火车票则无须选中。同样地，如果要购买学生票，则选中"学生票"。⑧点击"火车票查询"按钮，如图6-44所示。

09 在出现的搜索结果中，⑨选择合适的车次，如图6-45所示。

10 在出现的界面中，⑩点击"预定"按钮，如图6-46所示。

11 在"填写订单"界面中，需要输入真实有效的姓名和身份证号码，⑪然后点击"完成"按钮，如图6-47所示。

12 ⑫可根据自身需要购买"退改无忧"和"一元免单"，填写完订单后，点击"提交订单"按钮即可购票，如图6-48所示。

图 6-43

图 6-44

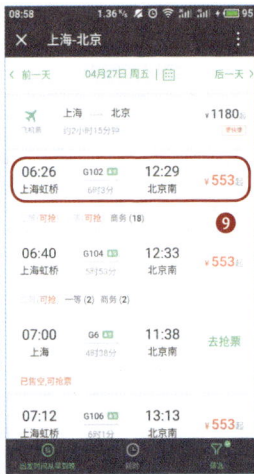

图 6-45

图 6-46

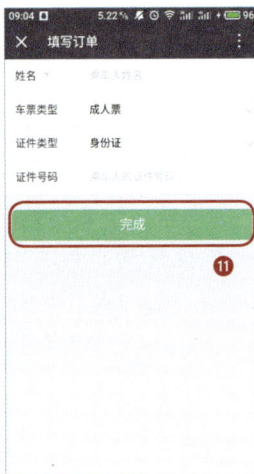

图 6-47

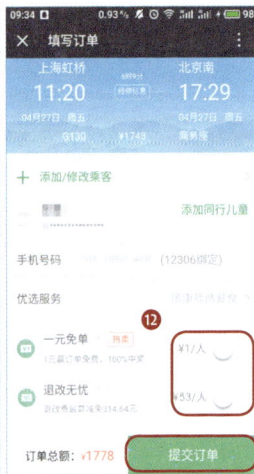

图 6-48

　　该平台除了可以购买车票，还提供订票的其他服务，具体的操作步骤如下。

　　01　在火车票订购界面向上滑动，下方会出现订票的其他服

务，例如高铁订餐、接送站等。值得注意的是，12306是高铁官方推出的高铁购票软件，在12306购买正规、安全的火车票为我们的出行提供安全保障，如图6-49所示。

02 ① 在"订票"界面中点击"订单"，可以查看所有的订单，如图6-50所示。

03 ② 在"订票"界面中点击"我的"。在"我的"界面中可进行退款查询、查看发票、联系客服等，如图6-51所示。

图 6-49

图 6-50

图 6-51

订房

　　订房就是通过微信平台预订酒店。出门在外，尤其是一个陌生的地方，想要找到一家舒适、价格合理的酒店是非常不容易的。网上预定酒店可以很好地解决这个问题。网上订房不仅可以查看酒店的价格，还可以查看房间的照片，为我们选择酒店提供了很大的便利。

01 ①在"同程艺龙"界面中点击"酒店"，可选择国内酒店、国际酒店和钟点房。②点击时间，可自行选择入住酒店的时间，如图6-52所示。

02 在弹出的界面中，选择入住酒店的具体时间，如图6-53所示。

03 ③点击"关键字/酒店/地址"，搜索酒店的名称，如图6-54所示。

图 6-52

图 6-53

图 6-54

04 在打开的界面中，输入酒店的名称或地址，如图6-55所示。

05 ④点击"价格/星级"，可根据酒店的价格和星级选择酒店，如图6-56所示。

06 ⑤在弹出的对话框中，选择价格和星级，⑥然后点击"确定"按钮，如图6-57所示。

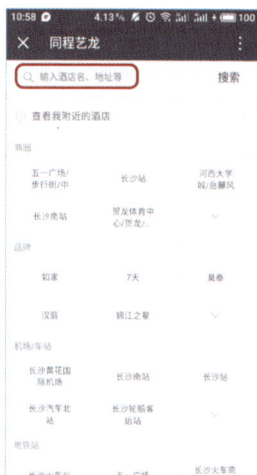

图 6-55   图 6-56   图 6-57

07 设置选择酒店的条件后，⑦点击"酒店查询"按钮，如图 6-58所示。

08 在搜索结果中，选择需要入住的酒店，如图6-59所示。

图 6-58   图 6-59

小提示：要警惕，确认短信防偷窥

现在，无论是打电话查询话费，还是注册发送验证码，都是通过短信实现的。短信包含了大量的隐私信息，如果信息被泄露了，可能会给当事人带来诸多麻烦。

许多人在短信的保密性方面并没有过多重视，例如短信验证码随意公开、晒与好友的短信聊天记录等，这些行为都有可能泄露个人信息。那么，该怎样防止短信泄露呢？

首先，我们要提高自身的隐私保护意识，注册的验证码填写之后要及时删除，如果不是自己在操作，发来的验证码不能随意填写；其次，旧手机短信要及时清除，更换手机后，原手机的内容要及时清除，再进行变卖或其他处理；最后，不要轻易查看收到的垃圾短信、彩信和邮件或点击上述信息中的链接，当陌生人发来短信链接的时候，因为我们不确定其中是否含有攻击性木马或其他的手机病毒，所以不能轻易点击链接。

提高警惕，防止短信被偷窥，确保短信安全，对保护我们自身的财产安全有很大帮助！

6.2 公众号，网络时代新玩法 ➕

微信公众号是开发者或商家在微信公众平台上申请的应用账号，商家可以在微信平台上与一些特定的微信用户进行文字、图片和视频等多方面的交流。我们可以在公众号上了解新闻、学习养生和关注时事等，体会"足不出户可知天下事"的感觉。

6.2.1　会搜索，准确寻找加关注

搜索公众号是添加、关注公众号的第一步。懂得怎么样搜索公众号，不仅能帮助我们快速找到我们想看的公众号，还能节约时间，避免漫无目地地寻找。

关注公众号

面对各种各样的公众号，我们不可能都将其浏览一遍，所以在添加公众号的时候要注意仔细查看公众号的详细信息，避免关注非法公众号。只有关注了公众号，才能接收公众号发布的消息。当知道公众号名称的时候，可以直接输入公众号名称进行查找。查找公众号的具体操作步骤如下。

01　在微信界面中，①点击右上角的 🔍 图标，如图6-60所示。

02　在打开的界面中，点击搜索框 🔍 ，输入公众号名称，例如"央视新闻"，②然后点击"搜索"按钮，如图6-61所示。

03　在出现的结果中，③选择我们要关注的公众号，如图6-62所示。

04　④在"详细资料"界面中点击"关注"按钮，关注后可接收公众号发布的消息，如图6-63所示。

05　关注成功，如图6-64所示。

图 6-60　　　　　图 6-61　　　　　图 6-62

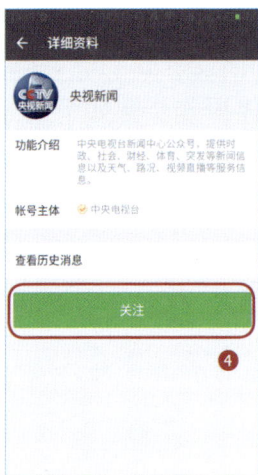　　　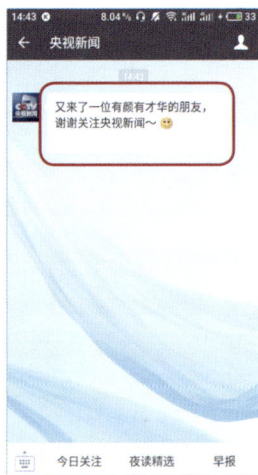

图 6-63　　　　　　　　图 6-64

　　除了搜索公众号的名称，直接扫描公众号的二维码也可以添加关注，具体的操作步骤如下。

01　①在微信界面中点击右上角的 ➕ 图标。②在弹出的菜单中点击"扫一扫"，如图6-65所示。

02　将摄像头对准相应的二维码，如图6-66所示。

03　扫描后，③在"详细资料"界面中点击"关注"按钮，即可关注该公众号，如图6-67所示。

图 6-65

图 6-66

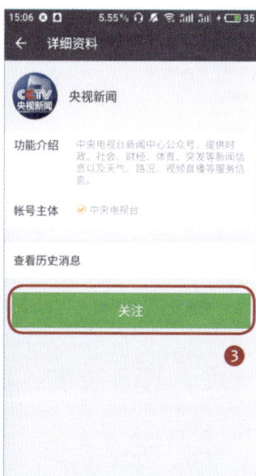
图 6-67

　　上述两种方法是基于我们知道公众号的名称和二维码之上的，如果我们不确定公众号的名称，也可以进行添加。例如我们想要关注娱乐类的公众号，又不知道关注哪个好，即可搜索"娱乐"，然后在搜索的结果中查找即可，具体的操作步骤如下。

01　①在微信界面中点击右上角的 ➕ 图标，②在弹出的菜单中点击"添加朋友"，如图6-68所示。

02　③在"添加朋友"界面中点击"公众号"，如图6-69所示。

03　在打开的界面中，④点击搜索框 🔍 并输入相关文字，如

"娱乐"，⑤点击"搜索"按钮，如图6-70所示。

图 6-68　　　　　　　图 6-69　　　　　　　图 6-70

04　⑥在出现的公众号中点击要关注的对象，如图6-71所示。

05　⑦点击"关注"按钮，即可关注成功，如图6-72所示。

查看公众号

关注公众号后，就可以接收公众号发布的消息了。但很多刚接触微信的中老年朋友不知道关注之后在哪里查看公众号，下面，介绍几种查看公众号的方法。

01　若公众号发布了消息，①在微信界面可直接点击"订阅号"，如图6-73所示。

02　在"订阅号"界面中，可以看到有哪些公众号发布了消息，②点击我们感兴趣的公众号，如图6-74所示。

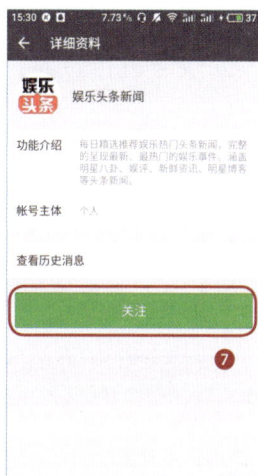

图 6-71　　　　　　　　　　　　图 6-72

03 现在就进入公众号页面了，点击标题即可查看内容，③ 点击"历史消息"可查看公众号过去发布的文章，如图 6-75所示。

图 6-73　　　　　　　图 6-74　　　　　　　图 6-75

上述方法可以查看公众号发布的最新消息，我们还可以直接进入公众号进行查看，具体的操作步骤如下。

01 ①在微信主界面中点击"通讯录"，②然后点击"公众号"，如图6-76所示。

02 在"公众号"界面中，可以找到我们关注的所有公众号，点击即可查看具体内容，如图6-77所示。

图 6-76

图 6-77

取消关注

公众号可以添加关注也可以取消关注，取消关注后，不会再接收该公众号发布的消息，具体的操作步骤如下。

01 在公众号界面中，①选择不想再关注的公众号，例如"央视新闻"，如图6-78所示。

02 在相应的界面中，②点击右上角的 图标，如图6-79所示。

图 6-78

图 6-79

03 ③点击右上角的 ⁝ 图标，如图6-80所示。

04 ④在弹出的菜单中点击"不再关注"，如图6-81所示。

05 ⑤再次点击"不再关注"，取消关注成功，如图6-82所示。

6.2.2 学知识，公众账号种类多

公众号包括服务号、订阅号和企业号。但是对于普通微信用户而言，区分这些公众号的类型并不重要，大家更在乎的是该公众号是否安全，所发布的内容是否有趣。下面，将介绍几种生活中比较受人关注的公众号。

健康类公众号

健康是每个人都关心、都在乎的问题。无论是家人还是自己都希望身体是健康的。但在日常生活中，我们也会犯一

些对于身体有害的、不正确的小错误。健康类的公众号可以帮助我们了解更多的健康小知识，提高健康意识，减少错误的发生。

图 6-80

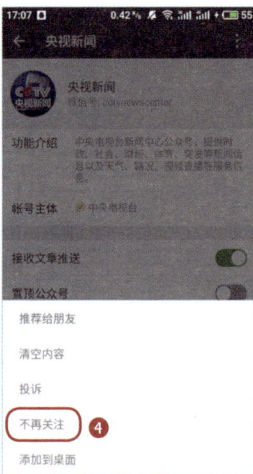
图 6-81

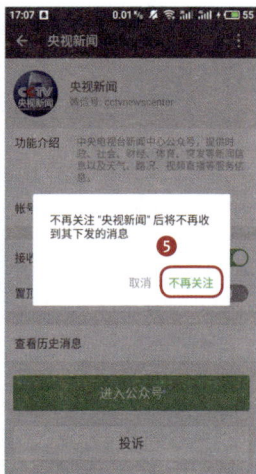
图 6-82

　　健康类的公众号有许多，例如"健康守护大讲堂""美食健康守护""健康养身妙招"等。这些公众号会不定时发布一些关于健康的资讯和小知识，可以从中学习到很多保持健康的方法。需要注意的是，一些商家会在公众号中推送保健品或药品的广告，看到这些广告我们必须保持冷静、提高警惕，不要一时冲动就购买。

新闻类公众号

　　许多中老年朋友都比较关心时事热点，在公众号中可以浏览各种各样的新闻，例如"央视新闻""新浪新闻""新闻晨报"等。除此之外，我们还可以搜索当地的新闻公众号，了解当地发生的新鲜事。新闻类公众号每次一般推送 3~4 条新闻，不会让人眼花缭乱。

娱乐类公众号

娱乐是每个人在休闲时间必不可少的。在做完繁忙的工作或生活琐事之后，浏览娱乐类的公众号可以令我们放松身心、缓解疲劳。娱乐类的公众号也有很多，包括"新浪娱乐""幽默与笑话锦集""央视精彩音乐会"等。无论是小品、音乐，还是电影、戏剧，都可以通过关注相应的公众号得到，从而让人会心一笑。

◖ 6.2.3　发留言，想法疑问可表达

微信用户不仅可以浏览、转发公众号，还可以对公众号点赞、投诉和留言。直接对公众号的内容进行讨论、反馈，达到与其他微信用户互动交流的效果，同时也将自己的想法和疑问表达出来，督促公众号做得更好，提供更多精彩的内容。

点赞

给公众号点赞，即表示我们喜欢公众号的内容，并赞同它的观点。给公众号点赞是一种支持的行为，是对该公众号的肯定，点赞的具体操作步骤如下。

01　①在微信主界面中点击"通讯录"，②找到并点击"公众号"，如图6-83所示。

02　③在"公众号"界面中选择我们要浏览的公众号，例如"央视新闻"，如图6-84所示。

03　在相应的界面中，④点击我们要浏览的新闻，如图6-85所示。

图 6-83

图 6-84

图 6-85

04 现在可以浏览新闻的详细内容，向上滑动查看剩余内容，如图6-86所示。

05 向上滑动到底部，⑤点击 👍 图标就可以给公众号点赞了，如图6-87所示。

投诉

现在有些公众号发布的内容不是有关积极向上的"正能量"，而是发布欺诈、不实和其他未经授权的信息，此时我们可以对该公众号进行投诉，减少违法犯罪的行为发生，投诉的具体操作步骤如下。

01 在公众号的界面点击"投诉"，如图6-88所示。

02 在"投诉"界面，选择投诉的理由，点击即可投诉，如图6-89所示。

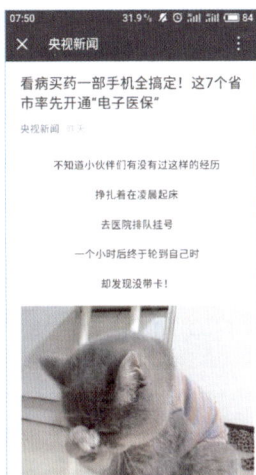

图 6-86

图 6-87

图 6-88

图 6-89

留言

留言是在公众号底部进行评论，将自己的想法或疑问表达出来，对公众号提出一些建议，让公众号变得更加完善。

留言的具体操作步骤如下。

01 在公众号底部，可查看他人的留言，并给对方点赞。①点击"留言"可评论公众号的内容，如图6-90所示。

02 ②在相应的界面输入留言，③并点击"留言"按钮，如图6-91所示。

03 留言成功，在下方可以查看到我们的留言，如图6-92所示。

图 6-90

图 6-91

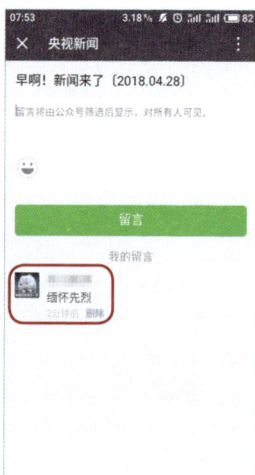

图 6-92

6.2.4 查信息，公务账号功能多

公众号种类繁多，不同的公众号有不同的功能，微信用户可以根据自己的需要关注相应的公众号，例如关注查缴水电费类的公众号，可以在网上查缴水电费。需要注意的是，尽量关注官方认可的公众号，避免上当受骗。公众号查询信

息的操作步骤如下。

01 ①在微信主界面中点击"通讯录"，②并点击"公众号"，如图6-93所示。

02 在"公众号"界面，③选择可供查询的公务号，例如"南方电网95598"，如图6-94所示。

03 在相应的公众号界面，④点击"我的用电"，如图6-95所示。

图 6-93

图 6-94

图 6-95

04 在弹出的菜单中可以完成电费查缴、停电/报修和欠费复电等业务。⑤点击"电费查缴"，如图6-96所示。

05 ⑥在打开的界面中点击"快速缴费"，如图6-97所示。

06 在弹出的对话框中，选择用电区域，输入用户编号后，⑦点击圆形按钮，即可进行电费查缴了，如图6-98所示。

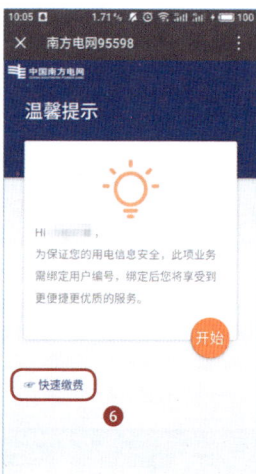
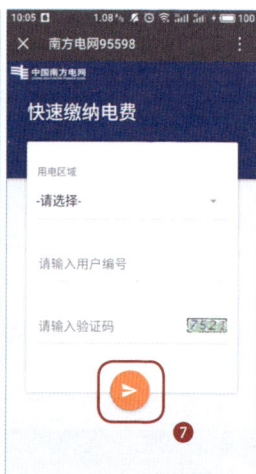

图 6-96　　　　　　　图 6-97　　　　　　　图 6-98

小提示：慎转发，谣言千万不能传

很多人经常看到这样的消息："世界末日了，赶快囤积粮食。"其造成的后果就是哄抬物价、居民恐慌、扰乱社会治安；有人听说给孩子生吃泥鳅可以预防疾病，于是给自家的孩子生吃泥鳅，造成的后果就是孩子腹泻，被送去医院……

现实生活中有很多胡编乱造、没有科学依据的言论，我们把它称作"谣言"。轻信谣言会使比较稳定的人际关系变得互相猜疑、倾轧、紧张；使原来比较稳定的社会秩序变得十分混乱、人心惶惶；会麻痹人们的思想，减弱人们的防备心理，使人不知不觉成为谣言的俘虏。因此，我们一定不能轻信谣言，看到谣言也不能传播（转发），以免造成更大的危害。

　　谣言止于智者，面对谣言，我们应该及时制止这种错误信息的传播，更不能信以为真加入传播的行列。放平心态，端正态度，用自己的理智去面对谣言，谣言将不攻自破！

6.3　小技巧，遇到问题自己办

　　在使用微信的过程中，微信用户总会遇到各种各样的问题，例如微信账号被盗了怎么办、发错消息了怎么撤回、怎么在计算机上登录微信等。想询问孩子，又担心耽误他们的工作和学习，想要去问朋友，朋友也是一知半解。不用担心，学会本节的内容之后，遇到这些问题自己就可以解决。

6.3.1　发错人，两分钟内可撤回

　　很多人在发送信息之后突然发现，将发给某人的消息不小心发给了别人，这样不仅令对方一头雾水，我们还要解释不小心闹出的"笑话"。其实，发送的消息在两分钟之内是可以撤销的。只要不超过两分钟，无论是文字、图片还是语音都可以撤回。撤回后，好友不会接收撤回的消息，从此再也不用担心发错人了。

文字撤销

　　文字撤销就是将发送的文字撤回，撤回后可重新编辑文字信息，具体的操作步骤如下。

01 打开与好友的聊天界面，①点击下面的聊天文本框，如图6-99所示。

02 发送相应的文字之后，②长按发错的文字，如图6-100所示。

图 6-99

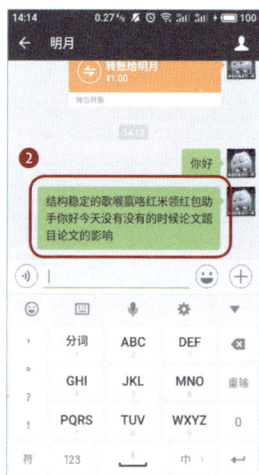

图 6-100

03 在弹出的菜单中，③点击"撤回"，如图6-101所示。

04 现在发出的消息就撤销了，注意，只有发出的消息不超过两分钟才能撤销，如图6-102所示。

语音撤销

语音撤销就是将发送的语音消息撤回，撤回后可重新录音，具体的操作步骤如下。

01 ①长按给朋友发送的语音消息，如图6-103所示。

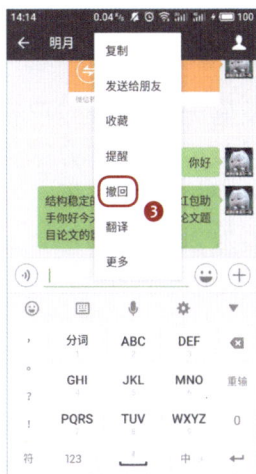

图 6-101　　　　　　　　图 6-102　　　　　　　　图 6-103

02　②在弹出的菜单中点击"撤回"，如图6-104所示。

03　现在语音消息就撤销了。在录音的时候，只需要上划即可撤销已录制但没有发送的语音，如图6-105所示。

图 6-104　　　　　　　　　　图 6-105

289

6.3.2 防诈骗，微信账号可冻结

很多人在登录微信的时候会发现，微信无法登录或已在其他地方登录。这种情况可能是微信账号被盗，不法分子盗取账号和密码在其他地方登录了。不法分子盗取账号后，将会窃取个人隐私信息，甚至冒用身份诈骗好友。因此，一旦发现微信被盗，一定要冻结账号，防止对方进行各种不法行为。

冻结账号

冻结账号就是将微信账号锁定，任何人都无法登录，直到确认账号安全之后再解冻账号，具体的操作步骤如下。

01 ①在微信主界面中点击"我"，②然后点击"设置"，如图6-106所示。

02 ③在"设置"界面中点击"账号与安全"，如图6-107所示。

图 6-106

图 6-107

03 ④ 在"账号与安全"界面点击"微信安全中心"，如图6-108所示。

04 ⑤ 在"微信安全中心"界面点击"冻结账号"，如图6-109所示。

05 ⑥ 在"冻结账号"界面点击"开始冻结"按钮，如图6-110所示。

图 6-108　　　　　　图 6-109　　　　　　图 6-110

06 输入与要冻结账号绑定的手机号，如果没有绑定手机号，⑦点击"手机号"，如图6-111所示。

07 在弹出的对话框中，选择与账号绑定的QQ号或Email（电子邮箱），如果没有绑定，⑧直接点击"微信号"即可，如图6-112所示。

08 输入微信号与验证码后，⑨点击"下一步"按钮，如图6-113所示。

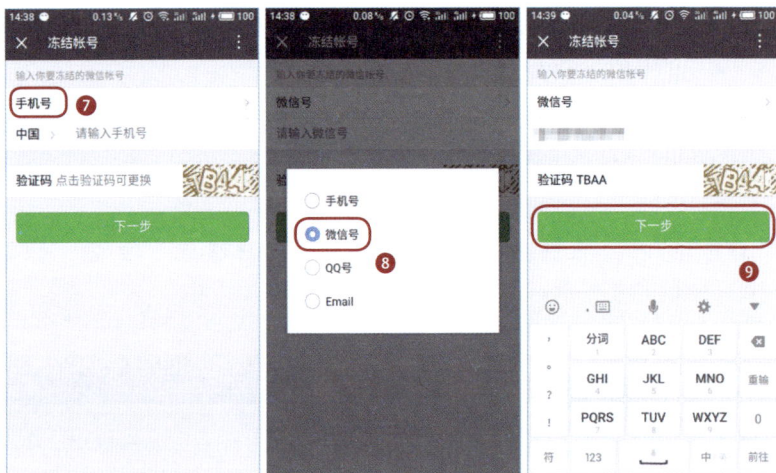

图 6-111　　　　　　图 6-112　　　　　　图 6-113

09 在"冻结账号"界面中，选择绑定的手机号或QQ号冻结，⑩此处选择"通过绑定的手机号冻结"，如图6-114所示。

10 发送短信之后，⑪点击"我已发送短信，下一步"按钮就可以了，如图6-115所示。

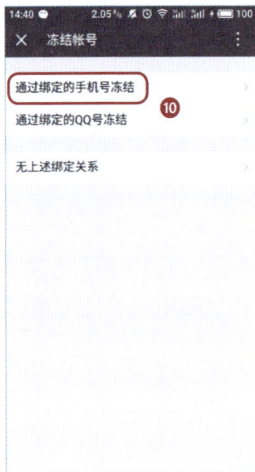

图 6-114　　　　　　　　　图 6-115

　　如果微信没有绑定手机号或 QQ 号，则不能通过手机号与 QQ 号来冻结微信账号。

01　①在"冻结账号"界面中点击"无上述绑定关系"，如图 6-116所示。

02　在打开的界面中，②点击"微信绑定的银行卡"，如图 6-117所示。

03　填写完相关信息之后，③点击"下一步"按钮即可冻结账号，如图6-118所示。

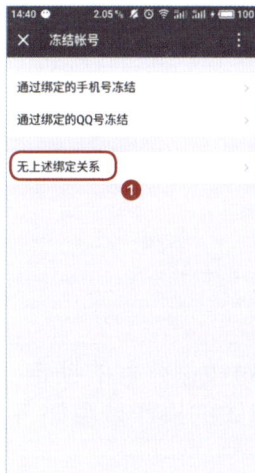

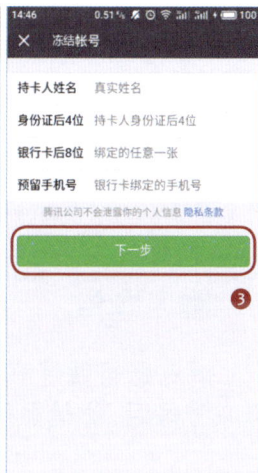

　　　图 6-116　　　　　　　图 6-117　　　　　　　图 6-118

　　如果我们忘记银行卡的相关信息或没有绑定银行卡，可通过客服冻结微信账号。

01　在"冻结账号"界面中点击"上述方式仍无法解决"，如图6-119所示。

02 在打开的界面中，有客服的电话，拨打客服电话也可以冻结微信账号，如图6-120所示。

03 微信账号冻结成功，如图6-121所示。

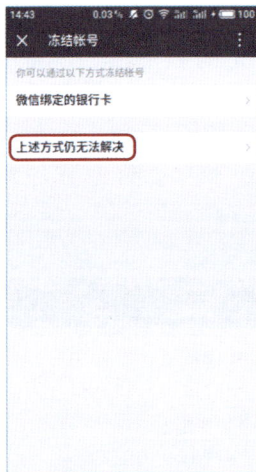 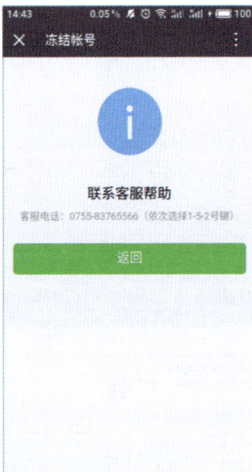 

图 6-119　　　　　　　图 6-120　　　　　　　图 6-121

解冻账号

解冻账号就是解除安全风险后，解除对微信账号的锁定。解冻账号后，微信账号可正常登录使用，具体的操作步骤如下。

01 ①在"解冻账号"界面中点击"开始解冻"按钮，如图6-122所示。

02 在打开的界面中，输入与解冻账号绑定的手机号。点击"手机号"，也可以选择与账号绑定的QQ号、Email或微信号，②点击"下一步"按钮，如图6-123所示。

03 以什么方式冻结，就以什么方式解冻。填写完信息之后，③点击"下一步"按钮，如图6-124所示。

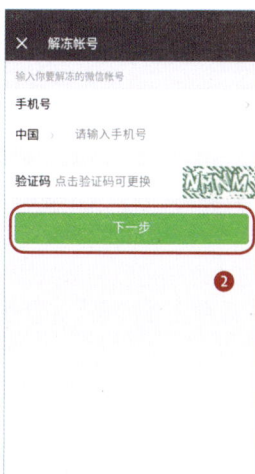
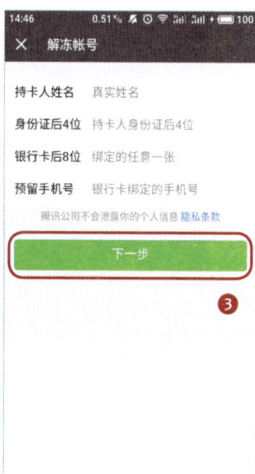

图 6-122　　　　　　　图 6-123　　　　　　　图 6-124

04 微信账号解冻成功，如图6-125所示。

05 在微信主界面，微信团队会提示微信账号解除冻结，注意保管微信账号及密码，如图6-126所示。

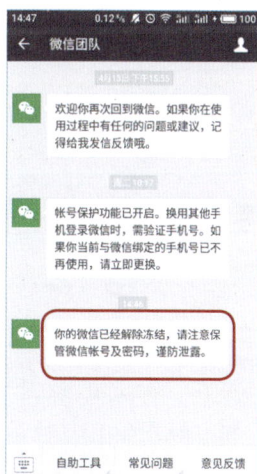

图 6-125　　　　　　　　　图 6-126

◗ 6.3.3　换手机，聊天记录可迁移

　　在日常生活中，因为各种原因我们会更换手机。在新手机上登录微信，聊天记录不会显示，要想显示聊天记录，就需要将聊天记录迁移至新手机。迁移聊天记录的具体操作步骤如下。

01　①在微信主界面中点击"我"，②然后点击"设置"，如图6-127所示。

02　③在"设置"界面中点击"聊天"，如图6-128所示。

03　④在"聊天"界面中点击"聊天记录迁移"，如图6-129所示。

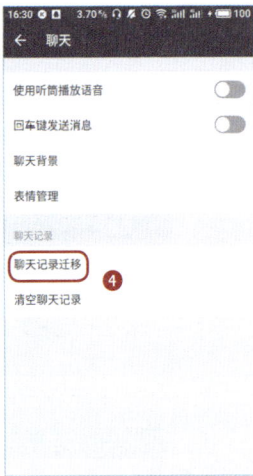

　　　　图 6-127　　　　　　　图 6-128　　　　　　　图 6-129

04　⑤在"聊天记录迁移"界面中点击"选择聊天记录"按钮，如图6-130所示。

05　在"选择聊天记录"界面中，⑥选择要迁移的聊天记录，

选好后点击"完成"按钮，如图6-131所示。

06 在"聊天记录迁移"界面中，用另一部手机登录微信，⑦ 然后扫描这个二维码，聊天记录就可以迁移过去了，如 图6-132所示。

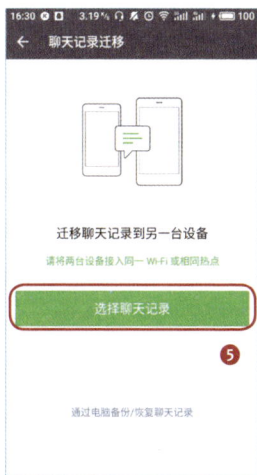
图 6-130

图 6-131

图 6-132

6.3.4　要注销，这些条件须达成

当我们不想再使用微信的时候，不能将微信账号弃之不 用，一定要注销。注销微信账号可以保护我们的财产安全， 避免泄露隐私信息。注销微信账号的操作步骤如下。

01 ①在微信主界面中点击"我"，②然后点击"设置"，如图 6-133所示。

02 ③在"设置"界面中点击"账号与安全"，如图6-134 所示。

03 ④在"账号与安全"界面中点击"微信安全中心"，如图 6-135所示。

图 6-133　　　　　　图 6-134　　　　　　图 6-135

04 ⑤在"微信安全中心"界面中点击"注销账号"，如图 6-136所示。

05 在"注销账号"界面，显示注销前须达到的条件，以保证账号和财产安全，如图6-137所示。

账号处于安全状态：在最近两周内，没有进行修改密码、修改银行卡等敏感操作，账号没有被盗的风险。

微信支付财产结清：微信账单中，没有资金待结算的订单，即没有未付款的订单。

卡券清空及微信平台权限解除：微信账号已经清空微信卡券，并解除微信公众号的管理员身份。

其他 APP、网站的账号解绑：微信账号已经解除与其他 APP（软件）或网站的授权登录、绑定关系。

06 向下滑动，⑥找到并点击"申请注销"按钮，即可注销微信账号，如图6-138所示。

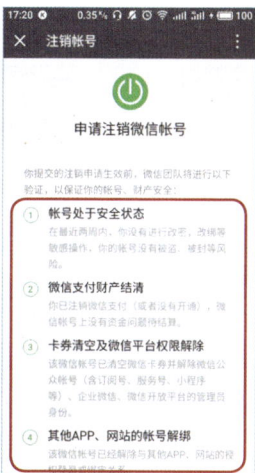

图 6-136　　　　　图 6-137　　　　　图 6-138

小提示：连计算机，扫码登录传文件

微信一直是很多人喜欢的软件，也是大多数人用来交流的工具。现在微信也有计算机版了，用计算机登录微信，可同步接收微信消息，也可以将文件在手机与计算机之间互传。计算机登录微信的操作步骤如下。

● **计算机登录**

计算机登录就是在计算机上登录微信。登录之前，要确保计算机上安装了微信软件。计算机登录的操作步骤如下。

01　在计算机上双击（点两下）微信，将会出现一个二维码，然后在手机上打开微信，①点击右上方的 **＋** 图标。②在弹出的菜单中点击"扫一扫"，如图6-139所示。

02　将摄像头对准计算机屏幕上的二维码进行扫描，如图6-140所示。

图 6-139

图 6-140

03　扫描后，计算机界面将会显示我们的微信头像，下方出现"请在手机上确认登录"的字样，如图6-141所示。

04　此时，③在手机上点击"登录"按钮即可，如图6-142所示。

05　计算机登录微信成功，登录后手机微信的通知将关闭。计算机登录微信的界面，如图6-143所示。

图 6-141

图 6-142

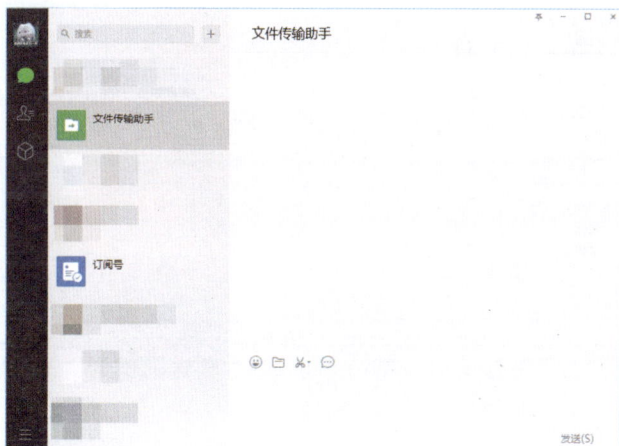

图 6-143

● **传输文件**

传输文件是指将文件在计算机与手机之间传输，计算机登录微信后，手机可通过微信将文件传输给计算机，反过来，计算机也可以将文件传输给手机，具体的操作步骤如下。

01 在微信界面中，①找到并单击"文件传输助手"，如图6-144所示。

02 ②在"文件传输助手"界面点击 ⊕ 图标，③在弹出的界面中点击"文件"，如图6-145所示。

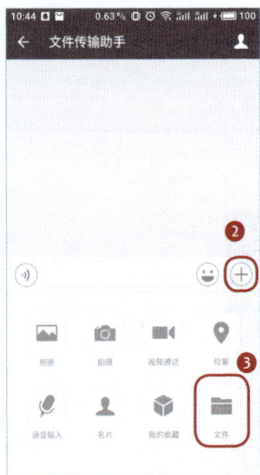

图6-144　　　　　　　图6-145

03 在"微信文件"界面中选择要发送的文件，④点击"发送"按钮，如图6-146所示。

04 ⑤在弹出的对话框中点击"发送"，如图6-147所示。

05 文件传输成功，如图6-148所示。

06 计算机接收文件，如图6-149所示。

图 6-146

图 6-147

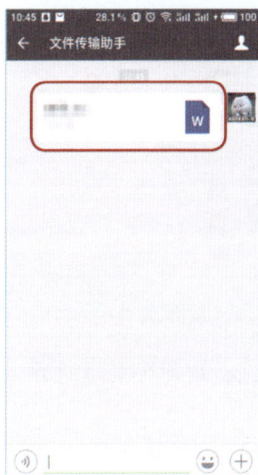

图 6-148

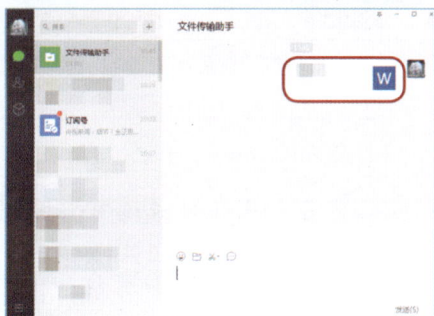

图 6-149

　　除了直接将文件传输给计算机，我们还可以将朋友发送的文件传输给计算机，具体的操作步骤如下。

01 打开与好友的聊天界面，①找到并长按要发送的文件，如图6-150所示。

02 在弹出的菜单中，②点击"发送给朋友"，如图6-151所示。

03 ③在"选择"界面中点击"文件传输助手"，如图6-152所示。

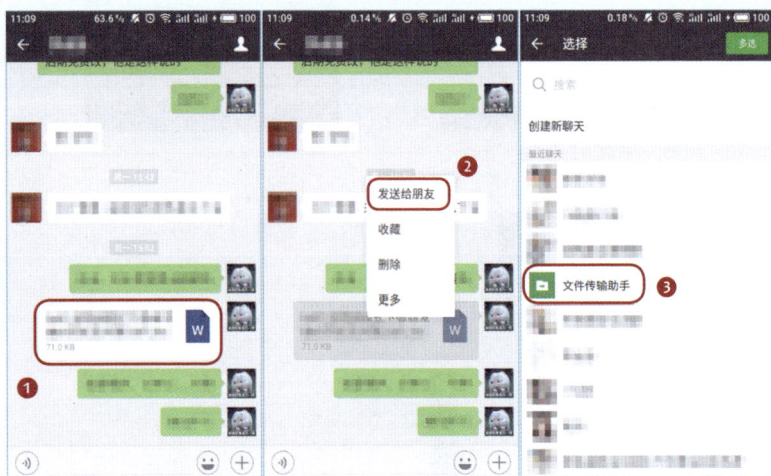

图 6-150　　　　　图 6-151　　　　　图 6-152

04 ④在弹出的对话框中点击"发送"，如图6-153所示。

05 文件将传输给计算机，如图6-154所示。

　　除了文件外，图片、视频、名片等都可以通过微信发送给计算机，计算机也可以通过微信将这些内容传送到手机上，为我们查看、保存文件提供了很大的便利。

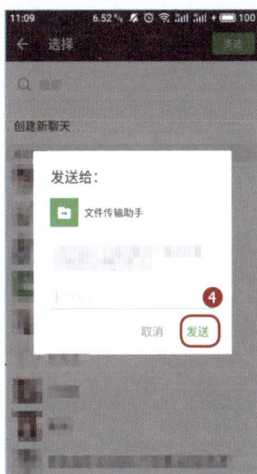

图 6-153

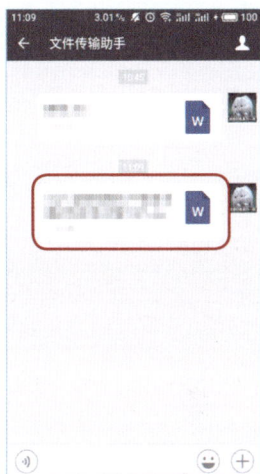

图 6-154